ゼロからはじめる

格安SIM
&スマホ
≫スマートガイド

リンクアップ 著

技術評論社

CONTENTS

Chapter 1
格安SIM＆スマホのキホン

Section 01	格安SIMや格安スマホって何?	8
Section 02	格安SIMはどうして安く使えるの?	10
Section 03	格安SIM利用のデメリット	12
Section 04	格安SIMに乗り換えても電話番号はそのまま	14
Section 05	SIMって何?	16
Section 06	格安SIMで利用できるスマートフォン	18
Section 07	格安SIM利用までの流れ	20

Chapter 2
格安SIM＆スマホをもっと知りたい！

Section 08	SIMカードをもっと詳しく知りたい	24
Section 09	2つの電話番号を利用したい	28
Section 10	用語を理解しよう	32
Section 11	キャリアの使用している電波を知ろう	34
Section 12	スマートフォンの料金体系を理解しよう	38
Section 13	格安SIM選びのポイントを知ろう	40

Section 14 SIMロックについて確認しよう …………………………… 44

Section 15 格安SIMで利用するスマートフォンを知ろう …………… 46

Section 16 SIMロックフリーで海外でも格安SIMを使おう ………… 52

Section 17 スマートフォンを変えてデータや設定を移行しよう …… 56

Section 18 iPhoneのデータを移行しよう ……………………………… 58

Section 19 Androidスマートフォンのデータを移行しよう ………… 64

Section 20 LINEを引き継ごう …………………………………………… 68

Chapter 3
ドコモから格安 SIM に乗り換える

Section 21 ドコモから乗り換えるには ………………………………… 72

Section 22 利用状況を確認する ………………………………………… 74

Section 23 MNPの準備をする …………………………………………… 78

Section 24 格安SIMを申し込む ………………………………………… 80

Section 25 スマートフォンを利用できるようにする ………………… 82

CONTENTS

Chapter 4
auから格安SIMに乗り換える

Section 26	auから乗り換えるには	92
Section 27	利用状況を確認する	94
Section 28	SIMロックを解除する	98
Section 29	MNPの準備をする	101
Section 30	格安SIMを申し込む	102
Section 31	スマートフォンを利用できるようにする	104

Chapter 5
ソフトバンクから格安SIMに乗り換える

Section 32	ソフトバンクから乗り換えるには	114
Section 33	利用状況を確認する	116
Section 34	SIMロックを解除する	120
Section 35	MNPの準備をする	123
Section 36	格安SIMを申し込む	124
Section 37	スマートフォンを利用できるようにする	126

Chapter 6
格安 SIM 会社徹底比較

Section 38	ワイモバイル	136
Section 39	UQモバイル	138
Section 40	IIJmio	140
Section 41	イオンモバイル	142
Section 42	エキサイトモバイル	143
Section 43	OCNモバイルONE	144
Section 44	QTモバイル	145
Section 45	DMMモバイル	146
Section 46	DTI SIM	147
Section 47	BIGLOBEモバイル	148
Section 48	nuroモバイル	149
Section 49	mineo	150
Section 50	U-mobile	151
Section 51	LINEモバイル	152
Section 52	楽天モバイル	153
Section 53	LIBMO	154

| 付 録 | 格安SIMに最適の最新スマートフォン | 155 |

ご注意：ご購入・ご利用の前に必ずお読みください

● 本書に記載した内容は、情報の提供のみを目的としています。したがって、本書を用いた運用は、必ずお客様自身の責任と判断によって行ってください。これらの情報の運用の結果について、技術評論社および著者、アプリの開発者はいかなる責任も負いません。

● 料金やソフトウェアに関する記述は、特に断りのない限り、2019年2月現在での最新情報をもとにしています。ソフトウェアはバージョンアップされる場合があり、本書での説明とは機能内容や画面図などが異なってしまうこともあり得ます。あらかじめご了承ください。

● 本書は以下の環境で動作を確認しています。ご利用時には、一部内容が異なることがあります。あらかじめご了承ください。
端末 ： Xperia XZ3（Android 9）
　　　　iPhone XR（iOS 12）
パソコンのOS ： Windows 10

● インターネットの情報については、URLや画面などが変更されている可能性があります。ご注意ください。

以上の注意事項をご承諾いただいたうえで、本書をご利用願います。これらの注意事項をお読みいただかずに、お問い合わせいただいても、技術評論社は対処しかねます。あらかじめ、ご承知おきください。

■本書に掲載した会社名、プログラム名、システム名などは、米国およびその他の国における登録商標または商標です。本文中では、™、®マークは明記していません。

格安SIM＆スマホの
キホン

Chapter 1

まずは、格安SIMとは何か？　どうやったら使えるのかをかんたんに紹介します。ここを読んで、Chapter 3～5から該当する章を読めば、すぐに格安SIMを利用できるようになります。

Section 01　格安SIMや格安スマホって何？
Section 02　格安SIMはどうして安く使えるの？
Section 03　格安SIM利用のデメリット
Section 04　格安SIMに乗り換えても電話番号はそのまま
Section 05　SIMって何？
Section 06　格安SIMで利用できるスマートフォン
Section 07　格安SIM利用までの流れ

Section 01

格安SIMや
格安スマホって何?

「格安SIM」とは、その名のとおり、ドコモ、au、ソフトバンクといった携帯電話会社と比べ、より安価な料金で利用できる通話やデータ通信の契約を指します。

格安で利用できる携帯電話契約

「格安SIM」とは、ドコモ、au、ソフトバンクの3つの携帯電話会社(MNO:Sec.02参照)より、安価な料金で利用できる事業者(MVNO:Sec.02参照)、もしくはその事業者が提供する通話やデータ通信の契約のことです。

通常、ドコモなどで携帯電話を契約すると、スマートフォン端末と通話やデータ通信のサービスがセットで提供されることが多いのに対し、こうした安価な事業者は、通話やデータ通信をするためのSIMカード(Sec.05参照)のみの契約ができることから、「格安SIM」と呼ばれています。一方、「格安スマホ」は格安SIMと同様の意味、もしくは本体価格が3万円以下のスマートフォンを指し、「格安SIM」の業者がセットで販売しているものや、SIMロックフリー(Sec.06参照)と呼ばれる単体で販売されているものがあります。

携帯電話会社	格安SIM事業者
docomo au SoftBank	Y!mobile UQ mobile Rakuten Mobile LINE MOBILE mineo ⋮

格安SIMの会社の利用料金は、一般の携帯電話会社に比べてかなり安くなります。

格安SIMのメリットは?

格安SIMのメリットはその名のとおり、安いことですが、それ以外にも通常の携帯電話会社にはないメリットがいろいろあります。

1 料金が安い!
格安SIMの最大の特徴は、一般の携帯電話会社に比べて料金が安いことです。契約プランや事業者によって料金は異なりますが、おおむね毎月2,000円以上安く利用することができます。

2 契約の縛りが緩い
携帯電話会社の料金は、「2年縛り」などと呼ばれる契約期間が2年の契約が一般的で、この期間内で解約やほかに移ると1万円程度の解約金が発生します。また、2年契約の更新は自動で行われ、違約金が発生しない期間は、前の契約の終了後の2〜3か月間のみとなっています。
一方、格安SIMの事業者の場合、契約期間は半年から1年が多く、通話のないデータのみのプランであれば契約期間なしが一般的です。また、格安SIMでも契約期間内の解約は違約金が発生しますが、1年契約の場合でも1年経過以降はいつでも解約金なしで解約できます。「契約してみたけどちょっと使いづらいな」と思っても、1年経てばいつでも気軽にほかの格安SIMに乗り換えることができるというわけです。

3 プランやサービスの選択肢が多い
格安SIMの事業者は、2017年12月末時点で数百社あり、契約数が多い大手事業者だけでも40社ほどあります。各社料金プランやサービスが少しずつ異なります。そのため、契約プランやサービスの選択肢が多く、自分の使い方に合った事業者を選択することができます。格安SIMの最近のサービスでは、「カウントフリー」と呼ばれる、YouTubeなどの動画系サービス、LINEやFacebookなどのSNS系サービスの使用は、データ使用の計算に含まないというものが人気です。

4 利用できる端末の選択肢が多い
ある程度知識が必要になりますが、格安SIMではSIMのみの契約が可能なため、その格安SIM事業者で扱っていない端末も利用することができます。通常は、ドコモで利用していた端末を、ドコモ系の格安SIM事業者でSIMのみ契約して、端末はそのまま使い続けたり、格安SIM業者で販売している端末を購入したりするのが一般的ですが、SIMロックフリー(Sec.06参照)の端末を自分で用意して使用することも可能です。

Section 02

格安SIMはどうして安く使えるの？

格安SIMは、ドコモ、au、ソフトバンクの各携帯電話会社に比べ、どうして安く利用できるのでしょうか？ その理由は、格安SIM事業者の形態と、サービスにあります。

格安SIMはインフラを借りている

ドコモ、au、ソフトバンクの各携帯電話会社は、携帯電話の基地局などの施設を自社で敷設、保有している「MNO」（Mobile Network Operator：移動体通信事業者）です。「音声やデータを運ぶ」ということで、「キャリア」と呼ばれることもあります。本書でも、この3社を指す言葉として、キャリアという用語をこれ以降使用します。

一方、格安SIMの事業者は、MNOから無線通信のネットワークを借り受けて事業を行っており、MNOに対し、「MVNO」（Mobile Virtual Network Operator：仮想移動体通信事業者）と呼ばれています。

MNOは電波利用免許の交付を受け、基地局や設備などのインフラに多額の投資が必要です。そのため、参入障壁が高かったのですが、設備と通信回線を借りることができるよう新たなルールが設けられたことで、インフラを持たない事業者でも通信事業を行えるようになったのです。MVNOがネットワークを借り受けるにあたっては、当然使用料を払っていますが、設備投資などがMNOに比べてあまり必要ない分、それを料金に反映して安くすることができます。

なお、「ワイモバイル」と「UQ mobile」に関しては、それぞれソフトバンクとauのサブブランドといった位置づけで、前述の意味ではMVNOではないのですが、料金が安い事業者という意味で、本書では「格安SIM」の事業者として扱っています。

●MVNOが借りる部分

データ通信を行う場合の、MNOとインフラを借りているMVNOのモデル図です。MVNOは無線通信部分でMNOのインフラを利用します。

店舗やサポートサービスは最小限

キャリアは、キャリアショップと呼ばれる販売店を全国に展開しています。たとえば、ドコモのキャリアショップであるドコモショップでは、ドコモの回線契約や端末の販売を行うとともに、各種のサポート業務も行っています。端末の購入相談や、端末の調子が悪いときの駆け込み寺として利用した人が多いのではないでしょうか。
一方、格安SIMでは、店舗を展開している事業者はごく一部ですし、店舗があったとしても、その数もキャリア各社よりはずっと少ないものです。そうしたサポートサービスを省くことで、サポートにかかる費用分の利用料金を安くすることができるのです。
キャリアでも、各社が販売するスマートフォンに、ドコモであれば「My docomo」、auでは「My au」、ソフトバンクでは「My SoftBank」といった利用料金の確認や各種契約の変更ができるアプリをインストールしており、キャリアショップに赴かなくても、たいていのことはスマートフォン上で済ませることができますが、ほとんどの格安SIM事業者は、スマートフォンや各社のWebサイト上でのみサポートを行っています。
なお、キャリアの場合、解約はショップか電話のみとなりますが、格安SIM事業者は店舗がないため、多くは公式Webサイトから解約手続きが行えるという点においては便利といえます。

mineoでは、ユーザーどうしが質問や回答ができる「マイネ王」というコミュニティページを設けて、サポートサービスを補っています。

Section **03**

格安SIM利用の
デメリット

携帯電話を安く利用できる格安SIMですが、よいことばかりではありません。現在使っているキャリアの契約から乗り換える前に、確認しておくべきデメリットを紹介します。

利用環境のデメリット

1 通信速度が遅い

格安SIM事業者を利用したデータ通信速度は、キャリアに比べると遅いです。昼休みや夕方など、利用者が集中する時間帯はとくに遅くなります。格安SIM事業者によっても通信速度は異なりますが、「速い」と評判になった格安SIM事業者に人が集中することで、遅くなる場合もあります。ただし、Sec.02で解説したとおり、「ワイモバイル」と「UQ mobile」に関しては通常の格安SIM事業者とは異なるため、通信速度は格安SIMの中でもトップクラスで、キャリアと遜色ありません。

2 キャリアメールが利用できない

キャリアでは、キャリアメールと呼ばれる独自のメールサービスを提供しています。たとえば、ドコモであればメールアドレスの後半部分が「@docomo.ne.jp」のメールです。最近は連絡にLINEなど、メール以外の手段を使うことも多く、キャリアメールの必要度は低下していますが、困るのはガラケー（フィーチャーフォン）にメールを送る場合です。多くのガラケーでは、PCメールなども含め、キャリアメール以外のアドレスを拒否する設定になっていることが多く、キャリアメール以外ではガラケーの相手にメールが送れない場合があります。また、一部のWebサービスでは、登録にキャリアメールのアドレスが必要なものもあり、そうしたサービスを利用することができなくなります。

格安SIM事業者ではキャリアメールが利用できません（画面はドコモの「ドコモメール」アプリ）。

3 LINEのID検索ができない

LINEでID検索機能を利用する場合、基本的にはキャリアの年齢確認サービスによって18歳以上であることを証明する必要があります。格安SIM事業者の場合、この年齢確認ができないので、LINEのID検索が利用できません。ただし、「LINEモバイル」であれば、契約時に年齢確認をすることで、ID検索機能を利用することができます。

LINEの年齢確認ができるのは、キャリアかLINEモバイルのみです。

料金のデメリット

1 通話料金が高くなることもある

格安SIM事業者のデータ通信費は格安なのですが、通常の通話料金はキャリアより割高です。キャリアでは、国内通話かけ放題のプランがあり、そのプランであれば通話料金は月額固定ですが、格安SIM事業者では完全かけ放題プランがないことが多く、通話時間が多い場合は、利用料金が高くなります。ただし、格安SIM事業者でも5分や10分以内の通話に限ったかけ放題プランが用意されていますし、LINEの無料通話などで補うこともできます。

2 高性能のスマホを購入しづらい

キャリアでスマートフォンを購入すると、本体代金が月額割引によって安くなります。一方、格安SIMではこうした割引はありません。そのため、多くの人は現在キャリアで使用しているスマートフォンをそのまま格安SIMでも使うか、格安SIMが販売する低価格のスマートフォンを利用しています。

サポートやサービスのデメリット

1 店頭サポートが受けられない

Sec.02で解説したとおり、格安SIM事業者は店舗がない場合が多く、キャリアのようにわからないことがあったら、ショップに聞きに行くということができません。

2 会社がなくなる場合がある

キャリアに比べると格安SIM事業者は規模が小さいところが多く、その分不安定です。過去になくなってしまったところ、他社に事業を売却したところがいくつかあります。ただし、格安SIMはキャリアに比べ乗り換えがずっとかんたんですし、移行措置が提供されるので、急に電話ができなくなるということはありません。

Section **04**

格安SIMに乗り換えても電話番号はそのまま

格安SIMに乗り換える際には、もちろん電話番号を変更することもできますが、MNPを利用すれば、今まで使っていた番号を継続して使用することができます。

MNPとは?

格安SIMに乗り換えても、今まで使っていた携帯電話の番号を使いたい場合は、MNPを利用しましょう。MNPとは、「Mobile Number Portability」の略で、通信事業者を変更した場合に、使用していた電話番号をそのまま、乗り換え先の通信事業者で利用できる制度です。

MNPは、格安SIMを含め、どの事業者でも転出、転入いずれも利用することができます。キャリアから格安SIMに乗り換えるときはもちろん、格安SIMからキャリアに乗り換えるとき、格安SIMから格安SIMに乗り換えるときも利用できるというわけです。

ちなみに、MNPを利用できるのは、契約者が同じ場合だけです。自分の電話番号を家族の誰かに使わせることはできません。

MNPの注意点

便利なMNPですが、利用する際にいくつか留意するポイントがあります。

まず、MNPを利用する際は、もとの会社からの転出料金と、乗り換え先の転入料金がかかります。転出料金、転入料金とも事業者によって異なるので、事前に確認しておきましょう。たとえば、ドコモであれば転出料金は2,000円ですが、auとソフトバンクの場合は3,000円です。

また、P.15でMNPの大まかな流れを紹介しますが、MNP予約番号には有効期限（15日間）があります。乗り換え先の事業者によっては、有効期限が◯日以上ないと転入手続きができない、という場合もあるので、MNP予約番号を取得したら、すぐに転入手続きをするのがおすすめです。

なお、これは解約する場合でも同じですが、現在の事業者で端末料金を分割払いしているような場合は、MNP利用時に残債の支払いをする必要があります。

MNPの流れを確認する

MNPの利用方法は、Chapter 3 ～ 5で詳しく解説していますが、ここでは大まかな流れを紹介しておきます。

①現在利用している通信事業者からMNP予約番号を取得する
現在利用している事業者からMNP予約番号を取得します。MNP予約番号は、ショップか電話で申し込んで発行することができます。また、ドコモや格安SIM事業者であればスマートフォンやパソコンから申し込むこともできます。ショップや電話の場合、引き留めのセールストークがあるようですが、現在の契約内容を確認しやすいという利点があります。

②MNP予約番号の有効期限内に乗り換え先の通信事業者に申し込みをする
格安SIM事業者の場合は、スマートフォンやパソコンから申し込みをします。手続きの際に「MNP予約番号と有効期限日」「使用中の携帯番号」「本人確認書類」などが必要になるので、事前に確認して用意しておきましょう。なお、有効期限の15日間を過ぎると、MNP予約番号は自動的にキャンセルされ、もとの事業者のままになります。キャンセルしてもまた取得することはできますが、手数料がかかるので、注意しましょう。

③転入の手続きをする
申し込み完了後、数日から1週間程度でSIMカード（Sec.05参照）が届きます。端末もセットで契約したなら、端末とSIMカードが届きます。新しいSIMカードを端末にセットして、オンラインで切り替え手続きをします。最短で30分ほどで、新しい通信事業者で電話が利用できるようになります。

ドコモは「My docomo」から、格安SIM事業者であればブラウザーなどからオンラインでMNP予約番号を取得できます（画面はmineoのMNP予約番号申し込みページ）。

Section 05

SIMって何？

そもそも「格安SIM」の「SIM」とは、何かご存知でしょうか？ 「SIMなんて見たこともない」という人に向けて、かんたんにSIMについて基本的な知識を解説します。

スマートフォンを利用するためのICカード

「SIM」とは、スマートフォンや携帯電話で、携帯電話の電波を使って通話やデータなどの通信をするために必要な、小さいICカードのことです。スマートフォンに装着されているSIMカードには、固有のID番号が記録されており、契約者情報と結び付けられています。格安SIM事業者は、このSIMカードのみを契約することができるので、「格安SIM」と呼ばれているのです。SIMカードにはいろいろな種類があり、それぞれのスマートフォンに適したものを選ぶ必要があります。

現在スマートフォンで利用できるSIMカードには、3種類の大きさがあります。小さいほうから順に「nanoSIM」「microSIM」「標準SIM」と呼ばれています。格安SIMを契約する際は、SIMの大きさを指定する必要があります。ただし、現在はほとんどのスマートフォンで、nanoSIMが利用されています。たとえば、iPhoneでいえば、2012年発売のiPhone 5以降はすべてnanoSIMです。

写真は、ドコモで使用されているnanoSIMカードです。「ドコモUIMカード」と呼ばれています。

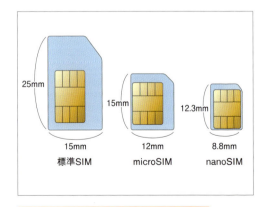

SIMカードには3種類の大きさがあります。

💴 SIMカードの場所は?

では、実際にiPhone XSを例にSIMカードの場所を確認しておきましょう。格安SIMでSIMカードのみを契約し、現在使用しているスマートフォンをそのまま使う場合、SIMカードの入れ替え作業は自分で行うことになります。

① iPhoneやほかのスマートフォンでは、右の写真のような、SIMカードを取り出すためのピンがパッケージに同梱されています。iPhone XSでは、本体側面のサイドボタンの下部にSIMカードトレイがあり（機種によって場所は異なります）、SIMカードトレイの穴にピンを差し込みます。

 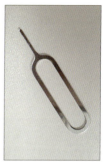

② ピンを穴に差し込むとSIMカードトレイを引き出すことができます。

③ iPhone XSのSIMカードトレイとSIMカードです。SIMカードを交換する場合は、新しいSIMカードをSIMカードトレイに装着して、SIMカードトレイを本体に差し込みます。

Section 06

格安SIMで利用できる スマートフォン

現在使用している端末を格安SIMでもそのまま使用したい場合は、注意が必要です。一方、格安SIM事業者では、回線契約と同時に端末も購入して利用することができます。

SIMロックとSIMロックフリー

キャリアから格安SIMに乗り換える場合、現在使っている端末をそのまま利用すれば、新しく端末を購入する費用がかからず安上がりですが、注意が必要です。キャリアから販売されている端末には「SIMロック」がかかっており、ほかの通信事業者のSIMカードが使えないようになっているのです。ただ、SIMロックはいくつかの条件をクリアすれば、解除することができます。また、Apple Storeで販売されているiPhoneなど、キャリア以外で販売されている端末は、最初からSIMロックがかかっていません。SIMロックが解除された端末や、最初からSIMロックがかかっていない端末を、「SIMフリー」や「SIMロックフリー」と呼びます。また、SIMロック解除済みの中古端末を「白ロム」と呼ぶこともあります。

キャリアの端末をそのまま使うには

キャリアの端末は、SIMロックを解除してSIMを入れ替えれば必ず使用できる、とは限りません。各キャリアは使用している電波が異なるなど、サービスに違いがあります。したがって、キャリアで販売している端末は、それぞれのキャリアの電波やサービスに最適化されたものなので、SIMロックを解除しても、そのままほかの通信事業者で使えない可能性があるのです。Sec.03で解説したとおり、格安SIM事業者はキャリアの回線を借りているので、ドコモの端末であれば、ドコモ系の格安SIM事業者をというように、利用している端末のキャリアと同じ系列の格安SIM事業者を選択するのが基本です。最近のiPhoneは、基本的にどの格安SIMでも利用できます。なお、SIMロックが解除できるのは、iPhone 6s以降のみです。

SIMロックフリーの端末を購入するには

キャリアと異なり、格安SIM事業者で販売されている端末は、すべてSIMロックフリーの端末です。当然ながら、その格安SIM事業者で動作が確認できている機種ですし、下の画面のように、利用できる回線の種類も明記されているので、「せっかく端末を買っても、うまく動作しなくて使えないかもしれない」と心配する必要はありません。

また、Amazonなどのオンラインショップや家電量販店でも、SIMロックフリーの端末を購入することができます。「SIMロックフリー」などで検索すると、よいでしょう。ただし、この場合は自分が利用したい格安SIM事業者でその端末が利用できるか、自分で確認する必要があります。詳しくは、Chapter 2を参照してください。

格安SIM事業者でもSIMロックフリーの端末を販売しています（画面は楽天モバイル）。

Amazonなどで「SIMロックフリー」で検索すると、SIMロックフリーの端末がたくさん発売されていることがわかります。

Section 07

格安SIM利用までの流れ

ドコモ、au、ソフトバンクから格安SIMに変更する手順はChapter 3〜5でそれぞれ詳しく紹介しますが、その前に格安SIM利用のおおまかな流れとポイントを確認しておきましょう。

格安SIM利用までの流れを確認する

ドコモ、au、ソフトバンクからMNPを使って格安SIMに変更する手順は、以下のようになります。格安SIMから別の格安SIMに変更する手順も基本的には同じです。

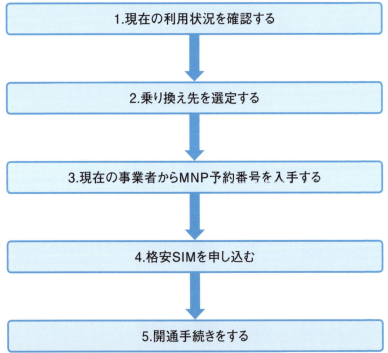

1. 現在の利用状況を確認する

2. 乗り換え先を選定する

3. 現在の事業者からMNP予約番号を入手する

4. 格安SIMを申し込む

5. 開通手続きをする

現在の利用状況を確認する

格安SIMに乗り換える前に、現在使用している携帯電話の使用状況や契約を確認しておきましょう。こうした情報は、ショップで確認することもできますが、スマートフォンを利用しているなら、ドコモは「My docomo」、auは「My au」、ソフトバンクは「My SoftBank」のアプリ、もしくはそれぞれのWebサイトから確認することができます。

使用状況では、月の通話時間やデータ使用量を確認します。これをもとに格安SIM事業者やプランを選定します。契約状況では、契約期間や契約しているサービスの内容、端末の割賦が残っていないかなどを確認しておきます。

とくに注意したいのが契約期間です。キャリアの契約は通常2年間になっており、契約期間の途中で解約して格安SIMに移行すると、10,000円程度の違約金が発生します。格安SIMに移行することで、月の利用料が2,000円以上安くなるため、違約金を払っても半年程度で元が取れますが、余分なお金は払わないにしたことはありません。

キャリア各社のWebサイトや、スマートフォンのキャリアアプリからデータ使用量などが確認できます（画面はauの「My au」アプリ）。

乗り換え先を選定する

格安SIMの事業者は多数あり、どれを選べばいいのか迷ってしまうかもしれません。Chapter 6で主要な格安SIMの事業者を紹介していますので、参考にしてください。

重要なのは、現在使っているスマートフォンをそのまま使いたい場合、ドコモから格安SIMに乗り換えるのであればドコモプランがある事業者を、auからであればauプラン、ソフトバンクならソフトバンクプランがあるところを選ぶことで、楽に乗り換えができます。ドコモプランに関しては、ほとんどの格安SIM事業者がカバーしていますが、最近の格安SIMは、どの事業者もそれほど料金は変わりません。そこで決定のポイントとなるのは、サービスやプランです。

現在の事業者からMNP予約番号を入手する

現在使用している電話番号を、そのまま使用したいのであれば、現在使用しているキャリアからMNP予約番号を取得する必要があります。新しい電話番号を使用するのであれば、この手続きは必要ありません。

格安SIMを申し込む

選定した格安SIM事業者に申し込みをします。現在使用している端末をそのまま使用したり、SIMロックフリーの機種を購入して使用するなら、SIMのみの契約をします。現在使用している機種をそのまま使うのであれば、必要に応じてSIMロックの解除を、現在使用しているキャリアで行います。

開通手続きをする

申し込み後、3日～1週間ぐらいでSIMカードが届くので、「この電話番号を使用しますから、使えるようにしてください」と連絡する開通手続きをします。開通手続きは、通常開通専用の電話番号に電話をして、電話番号と識別番号を入力することで行います。だいたい1時間ぐらいで、新しい事業者で電話が使えるようになります。また、開通手続き後に、データ通信ができるように、端末の設定が必要になります。AndroidとiPhoneでは設定方法が異なります。

格安SIMを利用するには、Androidスマートフォンでは、画面のようなAPN（アクセスポイント）の設定、iPhoneではプロファイルのインストールが必要です。

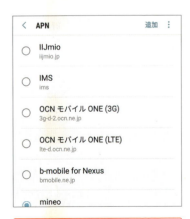

大手の格安SIM事業者の場合、端末によってはAPNが最初から用意されている場合もあります。

格安SIM＆格安スマホをもっと知りたい！

Chapter 2

Chapter 1とChapter 3以降を読めば、格安SIMへの乗り換えはできます。しかし、ここでは、もっと知りたい！　上手に使いこなしたい！　と思う人に向けて、より深いSIMやスマートフォンの話を紹介します。

Section 08	SIMカードをもっと詳しく知りたい
Section 09	2つの電話番号を利用したい
Section 10	用語を理解しよう
Section 11	キャリアの使用している電波を知ろう
Section 12	スマートフォンの料金体系を理解しよう
Section 13	格安SIM選びのポイントを知ろう
Section 14	SIMロックについて確認しよう
Section 15	格安SIMで利用するスマートフォンを知ろう
Section 16	SIMロックフリーで海外でも格安SIMを使おう
Section 17	スマートフォンを変えてデータや設定を移行しよう
Section 18	iPhoneのデータを移行しよう
Section 19	Androidスマートフォンのデータを移行しよう
Section 20	LINEを引き継ごう

Section 08

SIMカードをもっと詳しく知りたい

一口にSIMといっても、いろいろな種類があり、キャリアによっても機能が異なります。また、最近はeSIMと呼ばれる、新しい形態のSIMも登場しています。

SIMカードに記録されている情報

SIMカードには、それぞれ固有のIDが付与されており、これと電話番号を紐付けることによって契約者が通話や通信をできるようになっています。SIMカードは、クレジットカードサイズのカードで提供され、SIMカードの部分を切り抜いて使用します。

SIMカードは基本的に通信事業者から貸与されているもので、解約のときに返却する必要があります。ただし、キャリアの場合、オンラインでMNP転入した時点で解約と別の通信事業者への乗り換えが同時に完了します。そのため、ショップに行ってSIMカードを返却しなくても問題ない場合があります。一方、格安SIM事業者では返却を求められることが多いので、注意しましょう。

SIMカードの中には、SIMカード自体に連絡先などのデータを記録することができるものもありますが、最近ではクラウドでデータ管理・同期するのが一般的ですから、あまり利用する場面はないでしょう。

SIMカードは、クレジットカードサイズの台紙から切り抜いて使用します。現在はnanoSIMサイズが一般的ですが、写真のようにSIMのサイズに合わせて切り抜くことができるものもあります。

SIMカードには、連絡先など特定のデータを保存することができます。

キャリアのSIMカード

一口にSIMカードといっても、ドコモ、au、ソフトバンクの各キャリア、また利用される機種によって、それぞれ少しずつ仕様が異なります。ここでは、各キャリアのSIMカードの特徴を見てみましょう。なお、格安SIM事業者のSIMカードは、基本的に各キャリアのSIMカードをMVNO仕様にしたものが使われています。

●ドコモ

ドコモのSIMカードは、UIMカードと呼ばれており、連絡先やSMS（ショートメッセージ）などを保存する機能を持っています。バージョンによって、台紙の色とSIMカードの色が異なります。2013年に発売されたピンク色（SIM周辺は白）のVer.5と、台紙とSIM周辺が水色のVer.6が、現在スマートフォンで利用されているSIMカードです。Ver.5からはNFCのType A ／ Bに対応したサービスを利用できるようになっていますが、Ver.6も機能的にはVer.5と変わりません。

●au

auのSIMカードはau ICカードと呼ばれています。データを保存する機能はありません。いくつか種類があり、最近では、2015年夏モデル以降のAndroidスマートフォン用の「au Nano IC Card 04 (VoLTE)」、iPhone 8以降やAndroidスマートフォン以外の機種用の「au Nano IC Card 04 LE」という名称の、いわゆる「VoLTE SIM」と呼ばれるSIMカードが使われています。これらは、「LTE SIM」と呼ばれるSIMカードと比較して、nanoSIMサイズでVoLTE（Sec.10参照）対応、au 3G非対応（海外では利用可能）であることが特徴です。iPhone用の「au Nano IC Card 04 LE」はAndroidスマートフォンでも使うことができますが、NFC機能は利用できません。

●ソフトバンク

ソフトバンクのSIMカードは、USIMカードと呼ばれています。連絡先とSMS（ショートメッセージ）を保存する機能を持っています。iPhoneの場合、6以降では「iPhone専用 nano USIM カードA（C2）」と呼ばれるSIMカードが使われていますが、Androidスマートフォン用のSIMは機種や時期によって異なる多数のバージョンが存在します。ソフトバンクのiPhoneのSIMカードは、ほかのSIMロックフリースマートフォンでも利用できますが、Androidスマートフォンで利用されるSIMカードは、同時に購入した機種でしか利用できません。ただし、ソフトバンクショップに行けば、ほかの機種でも利用できるSIMカードに変更してもらうことができます。

書き換え可能なSIM：eSIM

SIMカードには、契約者情報と紐付ける固有のIDが記録されていますが、通常は一度記録したIDなどの情報は書き換えることができません。つまり、通常のSIMカードでは、記録された情報はそのSIMカード専用のものになり、それを提供する通信事業者とそのネットワークでしか利用することができません。

一方、最近になって、利用者自身でも書き換えができる「eSIM」と呼ばれるSIMが登場しました。eSIMの「e」は「embedded」の略で「埋め込み」という意味です。一般的なeSIMはスマートフォンなどの本体に埋め込まれており、通常のSIMのように取り外すことはできません。そのため、eSIMを利用するためには、eSIMに対応している（内蔵している）スマートフォンが必要です。

日本では、2017年5月に発売されたドコモの「dtab Compact d-01J」と同年のAppleの「Apple Watch Series 3」で、一般向けに初めてeSIMが登場しました。ただ、d-01JのeSIMで採用されているのは、書き換え可能な取り外しのできるSIMカードです。また、最近の機種では、2018年に発売されたiPhone XS/XS Max/XR（iOS 12.1以降）がeSIMに対応しています。これらは、通常のSIMカードも利用することができるので、SIMカードとeSIMのデュアルSIMになります。

eSIMのメリットとデメリット

eSIMのメリットは、前述のように、自分で情報を書き換えることができることです。格安SIMへの乗り換えでは、自分でSIMカードの入れ替えや、設定をする必要があります。これがeSIMであれば、SIMカードの入れ替えは必要なく、基本的に設定を行う必要もありません。また、旅行などで外国を訪れたときに、国内キャリアの海外データローミングより安い、地元の通信事業者を手軽に利用することができます。ちなみに、格安SIM事業者で海外データローミングを利用できる事業者はあまりありません。

ところが、現状日本の格安SIM事業者で、eSIMのサービスを提供しているところはありません。また、前述のd-01JのSIMカードタイプのeSIMは、d-01J単体で初期設定を行ったりするためのものですし、Apple WatchシリーズのeSIMは、iPhoneで利用しているSIMの情報をApple Watchでも利用するためのもので、通信事業者の乗り換えは想定されていません。

ユーザーにとって通信事業者の乗り換えが楽になるというメリットは、通信事業者にとっては、自分のところのユーザーがほかの通信事業者に移る可能性があるというデメリットになるため、普及には積極的になれないのかもしれません。

eSIMを利用するには

日本では通常サービスを利用できないeSIMですが、eSIMを利用する手順自体は以下のいずれかです。①や②の方法は、非常にかんたんです。QRコードを読み取る方法は、eSIMの利用方法としてはもっとも一般的で、ほとんどのeSIM対応の通信事業者は、この方法で利用することができます。

①通信事業者から提供されたQRコードを読み取る
②通信事業者から提供された専用のアプリを利用する
③設定などをすべて自分で入力する

なお、iPhone XS/XS Max/XRでのeSIMおよびeSIMとSIMカードのデュアルSIMの利用は、Appleのサポートページ (https://support.apple.com/ja-jp/HT209044) で詳しく解説されています。また、eSIMに対応した海外の通信事業者を確認することができます (https://support.apple.com/ja-jp/HT209096)。ただし、海外のeSIM対応の通信事業者は、日本で通信サービスを提供していないため、基本的に日本国内では利用できません。

iOS 12.1以降にアップデートしたiPhone XS/XS Max/XRで、＜設定＞をタップし、＜モバイル通信＞をタップし、＜モバイル通信プランを追加＞をタップします。

通信事業者から提供されたQRコードを読み取るだけで、設定完了です。

Section **09**

2つの電話番号を
利用したい

通常、スマートフォンで利用できるSIMカード（と電話番号）は1つですが、2枚のSIMカードを装着することができ、2つの電話番号を両方利用できるデュアルSIM対応のスマートフォンがあります。

デュアルSIMとは

一般のスマートフォンでは、利用できるSIMカードは1枚で、当然電話番号も1つです。しかし、AndroidのSIMロックフリースマートフォンの中には、2枚のSIMを装着することができ、2つの電話番号で待ち受けをすることができるものがあります。なお、Sec.08のeSIMの項で紹介したiPhone XS/XS Max/XRは、eSIMとSIMカードのデュアルSIMです。

通常のスマートフォンでは、SIMカードトレイのSIMカードを装着できる部分は1つですが、デュアルSIMのスマートフォンでは、2つのSIMカード装着部があります。なお、デュアルSIMの場合、2番目のSIMカード装着部は、microSDカードも利用できるようになっていることが多く、モトローラの「Moto G6」のように、SIMカード2枚と同時に、microSDも利用できるトリプルスロット仕様のSIMカードトレイを持つ機種もあります。

デュアルSIMのメリットは、2つの電話番号を利用できることです。デュアルSIMにもいくつか種類がありますが（P.29参照）、通話はかけ放題のあるキャリアのSIMを利用し、データ通信は安い格安SIM事業者のSIMを利用するといった利用法や、海外に出かけた際、日本のSIMカードは緊急の連絡用に通話ができる状態にし、データ通信は現地の安いSIMを利用するという方法を取ることができます。

通常のSIMカードトレイ

デュアルSIMのSIMカードトレイ

デュアルSIMの種類

デュアルSIMとは、2枚のSIMカードを利用できることですが、待ち受けの状態やデータ通信機能によって、以下の種類があります。

●DSSS（デュアル SIM シングル スタンバイ）

「Dual SIM Single Stanby」の略です。SIMカードを2枚利用することができますが、待ち受け状態にできるのは片方のSIMカードのみです。待ち受けするSIMカードの切り替えは手動で行います。2つのSIMカードを入れ替える手間が省けるという点以外に利点がないため、最近のデュアルSIMスマートフォンでは、DSSSはありません。

●DSDS（デュアル SIM デュアル スタンバイ）

「Dual SIM Dual Stanby」の略です。両方のSIMカードを待ち受け状態にできるものです。下記のDSDAやDSDVと区別する場合は、一方で通話中のときは、もう一方では通信ができないものを指しますが、DSDAやDSDVの総称として「DSDS」という言葉を使うのが一般的です。DSDSのスマートフォンとしては、モトローラの「Moto G6」やファーウェイのP10シリーズなどがあります。

●DSDA（デュアル SIM デュアル アクティブ）

「Dual SIM Dual Active」の略です。両方のSIMカードを待ち受け状態にでき、一方で通話中でも、もう一方で通信ができます。

●DSDV（デュアル SIM デュアル VoLTE）

「Dual SIM Dual VoLTE」の略です。両方のSIMカードを待ち受け状態にでき、一方がVoLTE（Sec.10参照）で通話中でも、もう一方で4G（Sec.10参照）の高速通信が利用できます。デュアルSIMのスマートフォンを購入するなら、このDSDVに対応したものがよいでしょう。ファーウェイの「Mate 10 Pro」や「P20」、ASUSのZenFone 5シリーズなどがDSDVです。

ファーウェイの「Mate 10 Pro」はDSDVです。格安SIM事業者では、楽天モバイルなどが扱っています。

🌟 デュアルSIMを利用するには

(1) デュアルSIM対応端末にSIMカードを2枚装着すると、画面上部のステータスバーに2つのアンテナピクトが表示されます。ステータスバーを下方向にスワイプします。

(2) SIMが2つ表示されます。

(3) <設定>をタップし、<接続>をタップします。

(4) <SIMカードマネージャー>をタップします(機種によって表記が異なります)。

(5) 2つのSIMカードを管理する「SIMカードマネージャー」画面が表示されます。「優先SIMカード」欄の<通話>をタップします。

6 通話を優先的にするSIMカードを選択することができます。

7 P.30手順⑤の画面で、「一般設定」欄の<SIM 2>をタップすると、SIMカードのアイコンや名前を変更することができます。

8 電話アプリを起動すると、通話アイコンが2つ表示されます。番号を入力したら、通話したいほうのアイコンをタップします。

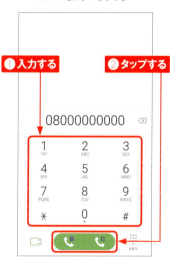

9 SMSを送受信するアプリでも、送信アイコンが2つ表示されます。

Section 10

用語を理解しよう

スマートフォンの通信用語には、「3G」や「4G」、「LTE」など聞きなれない言葉が出てきます。これらを知らなくてもスマートフォンは利用できますが、この機会に理解しておきましょう。

3G、4G、LTEはモバイル通信の規格を表す用語

スマートフォンの通信に使われる「3G」や「4G」という用語は、モバイル通信の規格を表す言葉です。「G」は「Generation（世代）」の意味で、3Gは第3世代、4Gは第4世代ということを示しています。世代が進んでいるほうが高速かつ安定した通信を実現できるので、数が大きいほうが高速である、と解釈して問題ありません。ちなみにキャリアの呼び方では、ドコモの「FOMA」、auの「CDMA 1X WIN」、ソフトバンクの「SoftBank 3G」が3Gで、ドコモの「Xi（クロッシィ）」、auの「4G LTE」ソフトバンクの「4G LTE・4G」が4Gです。ちなみに1Gはアナログ方式の通信規格、2Gはメールやインターネットに対応したデジタル方式の通信規格です。

「LTE」とは「Long Term Evolution」の略です。当初、LTEは3Gから4Gへの橋渡し的規格で、厳密には4Gではありませんでした。しかし、LTEを4Gと呼んでもよいということになり、現在は「4G＝LTE」と考えて差し支えありません。iPhoneやAndroidスマートフォンでは、画面の上部の表示で、現在どの規格でデータ通信をしているかを確認することができます。現在3Gは主に音声通話、4G（LTE）はデータ通信に利用されていますが（P.33参照）、4Gは利用できるエリアが3Gより狭いため、4Gで接続できない場合は、3Gでデータ通信が行われます。

現在どの通信規格で接続しているかは、画面上部に表示されます。キャリアによって表示が異なる場合があります。

LTEで通話するVoLTE

スマートフォンの機能を表示する際に「VoLTE対応」という文字を見かけることがあります。この「VoLTE」とは、「Voice Over LTE」の略で、LTEの通信で音声通話を行うことです。なお、ドコモの「VoLTE（HD+）」は、VoLTEの発展規格です。
従来、音声通話は3Gで行っていましたが、より高速なデータ通信ができるLTEを利用することで、遅延が少なく高音質の音声通話を可能にしたのがVoLTEです。ただし、VoLTEを利用するには、以下の条件を満たしている必要があります。

①双方の端末がVoLTEに対応している
②双方がLTEエリアで通信できる状態である
③双方が同じキャリアの回線を使っている
　（最近は一部異なるキャリア間でも利用可能）

キャリアでも格安SIMでも、VoLTEを利用する場合はこれらの条件を満たす必要があります。③の条件で、「同じキャリアの回線」と書きましたが、ドコモ系の格安SIM事業者を利用していれば、ドコモや別の格安SIM事業者でもドコモ系の回線を使用している相手とVoLTEで通話することができます。ただし、格安SIM事業者の中にはVoLTEを利用できないところもあるので、事前に確認しておきましょう。
一方、au系の格安SIMでVoLTEを使いたい場合は、上記の条件に加えて、いくつか気を付けなくてはならないことがあります。まず、使用する端末が「au VoLTE」対応であることと、SIMカードは通常のものではなく、「マルチSIM」もしくは「VoLTE用SIM」を選ぶ必要があります。通常のSIMカードしか用意していない事業者（au VoLTE非対応）もあるので、注意しましょう。なお、VoLTE対応端末に通常のSIM、VoLTE非対応端末にVoLTE用SIMを入れても、利用できません。また、auの端末を格安SIM事業者のSIMカードで使う場合は、au系の格安SIM事業者であっても、基本的にSIMロック解除が必要です。

au系格安SIM事業者では、「LTE用」と「VoLTE用」のSIMが用意されています。

Section 11

キャリアの使用している電波を知ろう

キャリアから格安SIM事業者に乗り換えるときに、現在使用している端末を使用するには同じ系列の格安SIM事業者を選ぶのが基本ですが、これはキャリアの利用周波数帯が異なるためです。

キャリアごとの通信方式の違い

スマートフォンや携帯電話で通話や通信をするためには電波を利用しますが、各キャリアでは利用する電波の「周波数帯」が異なります。キャリアで販売している端末は、そのキャリアの使用している周波数帯と通信方式に対応しています。
各キャリアの周波数帯の話をする前に、通信方式について解説しましょう。Sec.10では、「3G」「4G」「LTE」という用語の解説をしました。4G（LTE）の通信方式は日本のキャリアではすべて同じで、FDD-LTEという方式を採用しています。使用している周波数帯は異なりますが、格安SIM事業者も含め、4G（LTE）はすべて同じ方式と考えてよいでしょう。ちなみに、TD-LTEという方式もあり、中国の通信事業者や日本のUQ WiMAXが提供するWiMAXなどは、この方式を使用しています。
一方、3Gに関しては、ドコモとソフトバンクは「W-CDMA」、auは「CDMA2000」という方式を採用しています。この両方式には互換性がないため、ドコモやソフトバンクが発売している端末をauの回線で使用することや、反対にauの端末をドコモやソフトバンクの回線で使うことは基本的にできません。そのため、格安SIMに乗り換えるときに端末をそのまま使用したい場合は、もとのキャリアと同じ回線の格安SIM事業者を選ぶ必要があるのです。また、4G（LTE）は同じ方式ですが、ドコモとソフトバンクでは使用している周波数帯が一部異なるため、電話やネットワークが繋がらない可能性があります。

ドコモとソフトバンク、auでは、3Gの通信方式が異なります。

各キャリアの使用周波数帯

ドコモ系の格安SIM事業者はドコモの回線を使っているので、ドコモと同じ使用周波数帯になります。au系、ソフトバンク系も同様です。
格安SIMで、使用周波数帯が重要になるのは、SIMロックフリーとして販売されている端末を購入して格安SIMを使う場合です。SIMロックフリーの端末は、各キャリアや格安SIM事業者のSIMカードを入れれば使えるのですが、利用する回線にある程度対応していないと、電話が入りにくかったり、データ通信が低速になる場合があります。ドコモで使っていた端末を、ソフトバンク系の格安SIMで使うような場合も同様です。
LTEで使用する周波数帯を確認するときは、「バンド」が使われます。バンドとは、LTEで利用できる周波数帯を表し、「バンド1」のように数字をつけて区別します。LTEのバンドは世界共通規格で、世界各国の通信事業者が各バンドを使用しています。また、3Gの周波数帯にも「バンド」が使われます。

●ドコモ

ドコモの使用周波数帯とバンドは以下の表を参照してください。ドコモ系の格安SIMが主に使っているLTEバンドは、バンド1、バンド3、バンド19です。LTEバンド1とバンド3は、世界各国で使われているバンドであるため、ほとんどの端末が対応しています。バンド1は、日本でも3キャリアすべてが対応しています。
LTEのバンド21（1.5GHz帯）は、ドコモが一部の地方都市で提供している周波数帯ですが、ドコモの端末以外はほとんど対応していません。多くの周波数帯に対応し、SIMロックフリーの端末として利用しやすいiPhoneも、バンド21は対応していません。

4G（LTE）

700 MHz帯	800MHz帯		900 MHz帯	1.5GHz帯		1.7 GHz帯	2.0 GHz帯	3.5 GHz帯
バンド 28	バンド 18/26	バンド 19	バンド 8	バンド 11	バンド 21	バンド 3	バンド 1	バンド 42
	○		○		○	○	○	○

3G（W-CDMA）

800MHz帯	900MHz帯	2.0GHz帯
バンドVI/XIX	バンドVIII	バンドI
○		○

LTEのバンド3（1.7GHz帯）は、ドコモでは主に東名阪で提供している高速のデータ通信が可能な周波数帯です。

LTEのバンド19（800MHz帯）は速度が遅い反面、800MHzという周波数帯の特性上、電波が建物の奥まで届きやすく、「プラチナバンド」とも呼ばれています。地方や山間部などで多く使われており、地方で利用するならこのバンド19に対応した端末が便利ですが、SIMロックフリーで対応している端末はあまり多くありません。

ドコモ系の格安SIMが使っている3G（W-CDMA）のバンドは、バンド1とバンド6です。バンド19は最近ほとんど使われていないので、重要ではありません。バンド1はほとんどの端末が対応していますが、バンド6は対応していない端末もあります。バンド6は「FOMAプラスエリア」で利用されている周波数帯で、郊外や山間部で使われています。山登りに行くような人なら、バンド6に対応している端末を利用すると安心です。

● au

auの使用周波数帯とバンドは以下の表を参照してください。3Gはドコモやソフトバンクと異なる方式なので、注意してください。au系の格安SIMが主に使っているLTEバンドは、バンド1、バンド11、バンド18/26です。「バンド18/26」と表記しているのは、バンド26はバンド18を内包しているためです。バンド26に対応していれば、バンド18を使うことができます。

ドコモの項でも説明したように、LTEのバンド1はほぼすべての端末が対応しています。一方、バンド18/26に対応していない端末はそこそこあります。バンド18/26は800MHz帯の回り込みがよい周波数帯なので、これに対応していないと、建物の奥や郊外で受信状態が悪くなる可能性があります。

LTEのバンド41は、WiMAX 2+で利用されているバンドです。auの端末では、

4G（LTE）

700 MHz帯	800MHz帯	900 MHz帯	1.5GHz帯		1.7 GHz帯	2.0 GHz帯	3.5 GHz帯
バンド 28	バンド 18/26	バンド 19	バンド 8	バンド 11	バンド 21	バンド 3	バンド 1	バンド 42
	○			○			○	○

3G（CDMA2000）

800MHz帯	2.0GHz帯
バンドクラス0	バンドクラス6
○	○

このバンドに対応していれば、高速データ通信が可能になりますが、格安SIMではそれほど効果がありません。

3Gについては、CDMA2000に対応している端末がauの端末以外にほとんどなく、2022年3月末で停波する予定であるため、無視して構いません。

auのVoLTEに対応した端末であれば、VoLTEで音声通話やSMSの送受信を行うことができるので、au系の格安SIMを利用する場合は、必ずauのVoLTEに対応した端末を選びましょう。au VoLTEは最近のiPhone、もしくはauのAndroidスマートフォンで利用することができます。au系の格安SIM事業者のWebページなどで確認しましょう。

●ソフトバンク

ソフトバンクの使用周波数帯とバンドは以下の表を参照してください。ソフトバンク系の格安SIMが主に使っているLTEバンドはバンド1、バンド3、バンド8です。バンド1とバンド3は世界的に利用されているLTEバンドですから、ほとんどの端末が対応しています。一方、バンド8には対応していないものもあります。ただし、バンド8は900MHz帯の回り込みやすい周波数帯を利用する、ソフトバンクの「プラチナバンド」です。以前は利用できるエリアが少なく使いづらかったのですが、最近ではソフトバンク系を利用するならバンド8が必須でしょう。

なお、ソフトバンクの「SoftBank 4G LTE」はバンド1とバンド3を利用しており、「SoftBank 4G」はバンド42を利用しています。バンド42に対応している端末はあまりありませんが、iPhone 8/X以降、HTCのU12+などが対応しています。

ソフトバンク系の格安SIMが使っている3G（W-CDMA）のバンドは、バンド1とバンド8です。両方ともほとんどの端末が対応しているので、端末選びでの影響はあまりありません。

4G（LTE）

700MHz帯	800MHz帯		900MHz帯	1.5GHz帯		1.7GHz帯	2.0GHz帯	3.5GHz帯
バンド28	バンド18/26	バンド19	バンド8	バンド11	バンド21	バンド3	バンド1	バンド42
○			○			○	○	○

3G（W-CDMA）

800MHz帯	900MHz帯	2.0GHz帯
バンドVI/XIX	バンドVIII	バンドI
	○	○

Section **12**

スマートフォンの料金体系を理解しよう

ここでは、キャリアと格安SIMの料金体系を紹介します。キャリアと格安SIMでは何が違うのか、どこが安くなっているのかを確認してみましょう。

キャリアの料金体系

スマートフォンの料金は、月々の料金だけ見て、内訳は確認しない、という人が多いのではないでしょうか。また、内訳を見ても複雑でわからないという人もいるでしょう。明細などを見ると複雑そうに見えますが、基本は単純です。

下にキャリアの料金の内訳図を示してみましたが、基本は「通話料」とデータ通信を行うための「通信料」の組み合わせで、この部分は利用者が選択することになります。また、「インターネット接続サービス料」が必ずかかります。ここまでが、どのような契約でもかかる料金です。これに加えて留守番電話などの「オプション料金」、端末本体を割賦で購入している場合は、月々のスマホの「本体代金」がかかります。なお、**本体代金には、「月々サポート」などと呼ばれる割引が含まれる場合があります。**

各キャリアのプランには多少の違いがありますが、料金は基本的に横並びでいっしょですし、料金体系も同じです。

キャリアの料金体系

格安SIMの料金体系

一方、格安SIMの料金体系は以下の図のように、キャリアよりシンプルです。キャリアの必須部分の料金が1つのプランにまとめられています。基本プランの料金は、月々に使用できるデータ量で決まります。たとえば、楽天モバイルでは、データ量の異なる4つのプランから、mineoでは、データ量の異なる6つのプランから選択します。なお、かけ放題などの追加サービスを希望する場合は、オプションを付加します。たとえば、mineoでは、10分かけ放題は月額850円です。ちなみに、楽天モバイルのプランには10分以内の国内通話かけ放題が含まれています。また、格安SIMで端末を割賦で購入している場合は、本体料金もかかります。

格安SIMの料金体系

格安SIMがキャリアより月々の料金が安くなるのは、この「基本プラン料金」が、キャリアの必須部分より安いためです。
以下はドコモ、楽天モバイル、mineoの料金比較です。ドコモは通話は家族間かけ放題の「シンプルプラン（スマホ）」、データ通信は5GBの「ベーシックパック（ステップ3）」を選択、楽天モバイルはドコモ回線通話SIMの5GBプラン、mineoはDプランで音声通話が可能なデュアルプランの6GBの料金です。それぞれ条件は多少異なりますが、格安SIMのほうが安いということがわかります。

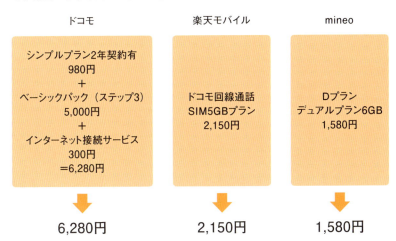

Section **13**

格安SIM選びの
ポイントを知ろう

格安SIM事業者は大手でも数十社ほどあり、選択肢が多くて嬉しい反面、どれを選べばよいのかわかりづらいと思います。ここでは格安SIM事業者を選ぶポイントを確認してみましょう。

料金的には各社あまり変わらない

以下の表は、代表的な格安SIM事業者の、データ通信容量ごとのプラン料金です。比較しやすくするために、ドコモ回線の1GB、3GB、6GB、10GBの料金を掲載しています。掲載したすべての格安SIM事業者に用意された3GBの料金を見ると、最安のDMMモバイルと、最高のLINEモバイルでは月額190円の差しかありません。「190円なら1割以上違うじゃないか!」と思う人もいるでしょうが、LINEモバイルは「コミュニケーションフリー」のコースなのです。

格安SIM事業者	1GB	3GB	6GB	10GB
BIGLOBEモバイル	1,400円	1,600円	2,150円	なし
DMMモバイル	1,260円	1,500円	なし	2,890円
IIJmio	なし	1,600円	2,220円	なし
LINEモバイル（コミュニケーションフリー）	なし	1,690円	なし	3,220円
mineo	なし	1,510円	2,190円	3,130円
楽天モバイル	なし	1,600円（3.1GB）	なし	2,960円

※料金は2019年1月現在

格安SIMはサービスに注目して選ぶ

P.40で紹介したLINEモバイルの「コミュニケーションフリー」とは、LINE、Twitter、Facebook、Instagramの各サービスの使用時にデータ通信量を消費しないというサービスです。つまり、これらのSNSサービスを頻繁に使う人にとっては、3GBのコースでも、実質それ以上のデータ容量が利用できることになります。格安SIM事業者では、このように各社さまざまなサービスを提供しています。そのため、自分がどのようにスマートフォンを利用しているのかをまず把握して、それに合ったサービスを提供している格安SIM事業者を選ぶことが、単純にデータ容量と料金を比較して選ぶより、安く利用することができます。
以下に、格安SIM事業者の代表的なサービスを紹介します。これ以外にもいろいろなサービスをChapter 6で紹介しているので、参考にしてみてください。

● カウントフリー

本文で紹介したLINEモバイルのコミュニケーションフリーのように、特定のアプリやサービスの利用については、データ通信量を消費しないサービスです。
LINEモバイルでは、コミュニケーションフリー以外にLINEの利用がカウントされないLINEフリー、コミュニケーションフリーに加えてLINE MUSICがカウントされないMUSIC+というプランがあります。また、DMMモバイルでも、LINEやTwitterがカウントフリーになるサービスを提供しています。
BIGLOBEモバイルのように、YouTubeやAbema TVなどの動画サービスがカウントフリーになる格安SIM事業者もあります。
なお、容量を消費しないといっても、速度が遅ければ快適に利用することはできませんので、スピードの評判なども事前にチェックしましょう。

● 通話かけ放題

通常の通話料金がキャリアより割高になる格安SIMは、通話時間が長い人にとっては料金が高くなります。そうした場合は、かけ放題のオプションがある格安SIMを選びましょう。ただし、キャリアの場合、制限なしの完全かけ放題のプランがありますが、格安SIMでは「10分」「5分」「3分」などの時間制限かけ放題となっています。また、サブブランドのワイモバイルとU-mobileのSUPERプランはかけ放題でも通常と同様に電話ができますが、それ以外の格安SIMのかけ放題は、「プレフィックス」と呼ばれる方式です。プレフィックスでは、相手の電話番号の前に指定された番号を入力するか、専用のアプリから電話をかける必要があり、これを忘れると通常の通話料金がかかるので、注意しましょう。

格安SIMのスピードを測るには?

キャリアと格安SIMの違いはいろいろありますが、使い勝手に影響するのがデータ通信速度の違いでしょう。一般的にスピードは「キャリア」＝「サブブランドのワイモバイルとUQモバイル」＞「格安SIM」といわれていますが、格安SIMでもスピードの差があります。ただ、スピードが速いと評判の格安SIMに人が集中して、遅くなることもあり、常に速いという格安SIMはありません。そのためスピードは実際使ってみないとわからない部分があります。そこで、感覚的にスピードが速い、遅いというよりも、スピード測定用のアプリを使って測定してみましょう。キャリアの契約期間は一般的に2年ですが、格安SIMの場合、データSIMは契約期間なし、通話SIMでも半年〜1年と短いので、スピードに満足できなければ、ほかの格安SIMに手軽に乗り換えることができます。なお、スピードテストアプリは、測定のためある程度のデータをやり取りするので、データ容量に気を付けてください。

なお、ここで紹介するアプリはAndroid用ですが、iPhone用のスピード測定アプリもあります。

Speedtest.net
開発：Ookla

スピード測定アプリは、いずれも操作がかんたんですが、「Speedtest.net」は、今回紹介する中でももっとも操作がかんたんです。測定は「テスト開始」をタップするだけです。計測結果は履歴でいつでも確認できます。格安SIMは利用者が集中する昼休み中や夕方は速度が低下するので、いろいろな時間帯で測定してみましょう。

RBB SPEED TEST
開発：株式会社イード（IID, Inc.）

「RBB SPEED TEST」では、測定する回線をモバイル回線やWi-Fiなどから選択することができます。また、モバイル回線はLTEと3Gを選択することができます。＜History＞をタップすると、過去の測定データの履歴を見ることができ、今まで測定したデータの平均値も確認することができます。

SPEEDCHECK Speed Test
開発：Internet Speed, Etrality

「SPEEDCHECK Speed Test」の特徴は、自動チェック機能です。予約を設定することで、定期的に自動で速度を計測することができます。測定データが溜まれば、「アナリティクス」の項目で、日、週、月、年ごとの平均値を確認することができるので、時間帯や状況の影響を受けにくいデータを確認することができます。

Section **14**

SIMロックについて確認しよう

キャリアが発売している端末は、そのキャリアのSIMカードしか使えない状態になっています。格安SIMで現在使っているキャリアの端末を使いたい場合は、その制限を解除しなくてはいけいけません。

💴 キャリアの端末はSIMロック

キャリアが販売しているスマートフォンなどの端末は、同じ会社のSIMカードでしか利用できないようになっています。これを「SIMロック」といいます。たとえばドコモで販売されているスマートフォンにauやソフトバンクのSIMカードを挿入しても、使うことができません。

SIMロックを設けることで、ほかの通信事業者に移りにくいよう制限をかけているといわれ、総務省からもSIMロックはなるべくやめるように指導が出ています。一方で、対応周波数帯（Sec.11参照）の違いなどにより動作しないSIMカードを利用してしまうことを予防するなど、SIMロックにはユーザー保護の側面もあります。

ただし、このSIMロックは解除でき、解除した端末を「SIMロックフリー」と呼んでいます。また、格安SIM事業者で販売されている端末はすべてSIMロックフリーです。中古市場ではSIMロック解除済みのキャリアの端末が売られている場合もあり、こうしたものは「白ロム」とも呼ばれています。

キャリアの端末でも、SIMロックを解除すれば、さまざまなSIMカードを利用できます。ただし、通信方式（Sec.10参照）や対応周波数帯の違い（Sec.11参照）には気を付けましょう。

SIMロックの解除が必要な場合

●ドコモの端末

SIMロックが解除できる端末は「https://www.nttdocomo.co.jp/support/procedure/simcard/unlock_dcm/」を参照してください。
ドコモ系の格安SIMで使う場合、iPhone、Androidスマートフォンとも、SIMロックを解除しなくても利用できます。
一方、au系、ソフトバンク系の格安SIMで使う場合、iPhoneはSIMロックを解除したものであれば、利用できます。Androidスマートフォンもソフトバンク系ではSIMロックを解除すれば基本的に使えますが、電波の入りなど満足に使えない可能性が高いので、おすすめできません。

●auの端末

SIMロックが解除できる端末は「https://www.au.com/support/service/mobile/procedure/simcard/unlock/」を参照してください。
au系の格安SIMのVoLTE用SIMを使う場合であっても、iPhone 7s/7/6sとAndroidスマートフォンは、SIMロックの解除が必要です。iPhone 8以降はSIMロックを解除しなくても利用できます。au系の格安SIMのLTE用SIMを使う場合は、2015年4月以降発売の端末はVoLTE用SIMを参照してください。2012年から2014年秋以前に発売のiPhoneとAndroidスマートフォンはSIMロック解除なしで使えます。
ドコモ系、ソフトバンク系の格安SIMで使う場合、SIMロックを解除したiPhoneは使えます。Androidスマートフォンは満足に使えない可能性が高いので、おすすめできません。

●ソフトバンクの端末

SIMロックが解除できる端末は「https://www.softbank.jp/mobile/support/usim/unlock_procedure/」を参照してください。
ソフトバンク系の格安SIMの場合、iPhoneとAndroidスマートフォンどちらもSIMロックの解除が必要です。なお、ソフトバンク系の格安SIM事業者の中には、ソフトバンクのiPhoneのみ対象機種としているところがあるので注意してください。
ドコモ系、au系の格安SIMの場合は、iPhoneはSIMロックを解除したものであれば、利用できます。Androidスマートフォンは満足に使えない可能性が高いので、おすすめできません。

Section **15**

格安SIMで利用する スマホを知ろう

格安SIMでは、現在使っている端末をそのまま使うこともできますし、格安SIM事業者から端末とSIMをセットで購入したり、SIMロックフリーで売られている端末を使うこともできます。

Application

現在の端末をそのまま使う

格安SIMを利用する場合、現在キャリアで使っている端末をそのまま使えれば、回線使用料以外のお金はかかりません。現在使っているキャリアと同じ回線系列の格安SIM事業者であれば、SIMロックの解除が必要な場合もありますが、そのまま使うことができるので、SIMや端末の仕様に詳しくなくても問題ありません。
ただし、同じドコモの端末でも、対応周波数帯が異なっていたりして、利用できる周波数帯をフルに使うことができない場合もあります。キャリア各社では、SIMロックが解除できる機種の一覧に、各機種のLTE対応周波数帯も掲載しているので、一度確認しておきましょう。対応周波数帯については、Sec.11を参照してください。

●ドコモ

ドコモでは、「https://www.nttdocomo.co.jp/binary/pdf/support/procedure/simcard/unlock_dcm/201505/band.pdf」にて、PDFの形式でSIMロック解除対象機種と、LTE対応周波数帯を公開しています。

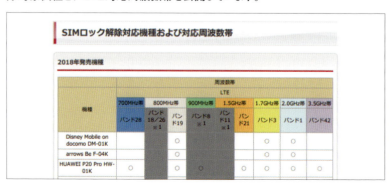

●au

auでは、「https://www.au.com/support/service/mobile/procedure/simcard/unlock/compatible_network/」にて、SIMロック解除対象機種と、LTE対応周波数帯を公開しています。メーカー名の右の「+」をクリックすると、一覧を表示することができます。

●ソフトバンク

ソフトバンクでは、「https://cdn.softbank.jp/mobile/set/common/pdf/support/usim/unlock_procedure/frequency-band-list.pdf」にて、PDFの形式でSIMロック解除対象機種と、LTE/3G対応周波数帯を公開しています。

格安SIMの会社が提供する端末を使う

「現在使っている端末の調子が悪い」「SIMロックが解除できないので、現在の端末では格安SIMを使えない」「格安SIMへ乗り換えると同時に、現在のキャリアとは別のキャリア系列にしたい」といった事情があり、新しい端末の購入を考えている人もいるでしょう。しかし、端末に詳しくなく、どの端末を選べばよいのかわからない、という場合は、格安SIM事業者で提供されている端末をSIMとセットで購入することをおすすめします。

格安SIM事業者によって取り扱う端末の種類は異なりますが、大手では一括価格が2万円程度の格安スマートフォンから、10万円前後の高級機まで20機種近く取り扱っています。手続きの方法は、申し込み時に、「SIMのみ」ではなく、「端末セット」のコースを選ぶだけです。複数のキャリアを扱っている格安SIM事業者でも、最初に使用したい回線を選択すれば、その回線で利用できる端末が表示されて、そこから選ぶだけですから、組み合わせに悩む必要もありません。端末の料金は、格安SIM事業者によっては分割でも支払うことができます（P.50参照）。

楽天モバイルの申し込み画面。回線を選び、「端末＋SIMセット」を選べば、その回線で利用できる端末が表示されます。

SIMロックフリーの端末を購入する

格安SIMに乗り換えるのといっしょに端末も変えたいが、契約したい格安SIM事業者では使いたい端末が売っていない、というような場合は、量販店などで、自分でSIMロックフリーの端末を購入する方法もあります。SIMロックフリーの端末の中には、一部の格安SIM事業者しか扱っていないデュアルSIM（Sec.09参照）の端末もあるので、キャリアはかけ放題の音声通話と最低限のデータ容量を維持して、データ通信は格安SIMを使うという利用法も可能です。

ただし、この場合はある程度の知識が必要です。Sec.11などを参照して、自分が利用したい回線の周波数帯に適合する端末を自分で選ぶ必要があります。格安SIM事業者では、動作確認ができている端末を公開しているので、それを参考にしてもよいでしょう。

なお、インターネットなどで、海外で売られているSIMロックフリーの端末も購入可能ですが、日本国内で日本人が利用する端末には、通称「技適」と呼ばれる「技術基準適合認定」および「技術基準適合証明」が必要です。海外のSIMロックフリー端末にはこれらがない場合がほとんどなので、注意しましょう。

ヨドバシ.comの「携帯電話・スマートフォン」のカテゴリーで、「SIMフリー」と検索すると、920件もの検索結果が表示されます。

格安スマホを使いたい

「格安SIM」という言葉とセットでよく聞く「格安スマホ」という言葉、これだけを聞くと、安いスマートフォンを思い浮かべるでしょうが、一般的には「格安SIMとセットにしたキャリアより安い料金で利用できるスマートフォン」を指しています。スマートフォン単体ではなく、あくまで利用料金とセットでの話です。

とはいっても、実際に本体価格2万円程度のスマートフォンも販売されており、これは「格安スマホ」といってもよいかもしれません。

たとえば、mineoで扱っている端末を見てみると、2019年1月現在、全15機種中6機種が一括価格2万円前後で購入することができます。一括22,800円の機種を24カ月の分割払いにすれば、1カ月の支払いは950円になります。

ただ、2万円前後のスマートフォンはあまりおすすめできません。普通にスマートフォンを使う人なら、少なくとも3万円前後の機種がおすすめです。一方、かなりスマートフォンを使う人は、頑張って4万円ぐらいの機種を購入しましょう。もちろん、価格だけでスマートフォンの使い心地が決まるわけではありませんが、2万円前後のスマートフォンでは、動作が遅いなどで多くの人が不満を感じるでしょう。

なお、格安SIM事業者でスマートフォンを購入する場合、支払いに関して注意が必要です。キャリアでは、分割払いと月々サポートと呼ばれる割引が一般的で、分割払いに関して分割手数料はかかりません。一方、格安SIM事業者では一括払いが普通で、分割払いができる事業者は限られています。また、分割払いができる事業者でも、通常は15％程度の分割手数料がかかります。分割可能および分割手数料がかからない格安SIM事業者としては、UQモバイル、ワイモバイル、mineo、楽天モバイル（楽天カード支払いの場合）などがあります。

mineoでは、ASUSのZenfon Maxが一括19,800円、分割825円／月で購入できます。

格安SIMで使うならiPhoneが最強

格安SIMに乗り換えやすい、格安SIMから格安SIMに乗り換えやすいという観点で見れば、最強の端末はiPhoneです。なぜなら、対応周波数帯が非常に多いため、どの格安SIMでも問題なく使えるからです。

キャリアのiPhoneでも6s以降であれば、SIMロックの解除ができるので、iPhone 6s以降のモデルがおすすめです。また、iPhone 6sは、UQモバイルやワイモバイルを始め、ドコモでも販売しています。

現在Appleで発売されているiPhoneのLTE対応周波数帯は、「https://www.apple.com/jp/iphone/LTE/」で確認することができますが、最新のiPhone XSの場合、中国など(ソフトバンクも)で使われているTD-LTEを含め、LTE29バンドに対応しています。auは3Gの通信規格がドコモやソフトバンクと異なるCDMA2000であること、基本的に通話をau VoLTEで行う仕様上、他キャリアで使っていたAndroidスマートフォンはau系の格安SIM事業者ではまず使えないのですが、iPhoneであれば問題ありません。なお、iPhoneでも6sとXSを比べると、6sのほうが対応バンドが少ないように、新しいモデルのほうが対応バンドが多いのですが、電波の対応という点では6sでも問題なく使用できます。

また、海外の通信事業者は、日本国内の通信事業者とは異なる周波数帯を使用していますが、iPhoneであれば対応周波数帯を調べることなく、そのまま利用することができるでしょう(Sec.16参照)。

AppleのWebサイト(https://www.apple.com/jp/iphone-xs/specs/)で公開されているiPhone XSの対応周波数帯。ここでは、3Gの対応も確認できます。

Section **16**

SIMロックフリーで海外でも格安SIMを使おう

海外旅行でもスマートフォンを活用したいと考えるなら、SIMロックフリーの端末で、現地の通信事業者のSIMを利用することをおすすめします。

海外でもスマートフォンを使うには?

海外でもスマートフォンでインターネットを使って、調べものをしたい、撮影した写真をSNSにアップしたいというような場合は、以下の手段を検討しましょう。

①キャリアの海外データローミングを使う
キャリアの契約の場合、キャリアが現地で提携している通信事業者を使って通話やデータ通信を行う海外ローミングを利用できます。メリットは、準備などがほぼ必要なく普段の感覚でスマートフォンが利用でき、現地でも国際電話で日本の電話を受けることができることです。デメリットは、料金がほかの方法に比べて高いことです。なお、格安SIMではmineoや楽天モバイルが海外ローミングに対応していますが、料金はキャリアより高額です。

②Wi-Fiルーターをレンタルする
現地の回線を利用するWi-Fiルーターをレンタルする方法です。メリットは、ルーターには同時に複数人が接続できるので、いっしょに使う人数が多いほど安く済み、設定などがかんたんなことです。デメリットは、ルーターを持ち歩いたり、充電したりする必要があること、借受および返却の手間がかかることです。

③現地の通信事業者や汎用のSIMを利用する
格安SIMを利用するように、現地の通信事業者のSIMや複数国対応ローミングのSIMを利用する方法です。メリットは、安くデータ通信を利用できることです。デメリットは、対応周波数帯や設定に知識が必要なこと、デュアルSIMか別のスマートフォンがないと、日本からの電話を受けられなくなることです。

本書では、格安SIMやSIMロック解除の方法を解説しているので、③の方法について次ページで詳しく紹介しましょう。

現地SIMや周遊SIMを使う

日本では、最近格安SIMが利用できるようになりましたが、コンビニなどですぐにプリペイドのSIMを購入できるという環境ではありません。しかし、海外ではSIMをかんたんに購入したり、旅行者向けのプリペイドSIMが充実している国が多くあります。こうした他国のSIMカードもSIMロックフリーの端末であれば、利用することができます。

ただし、キャリアの端末は、そのキャリアが使っている周波数帯以外の対応はあまり多くない場合があり、SIMロックを解除しても海外の異なる周波数帯を利用している通信事業者では使いにくい可能性もあります。格安SIM事業者や、量販店などで最初からSIMロックフリーとして売られている端末のほうが、海外での使用に向いています。

また、格安SIMと同様に、海外のSIMカードもAPNの設定などが必要になります。空港などの販売ブースでは、設定までを行ってくれるところもありますが、最低限付属の説明書を読みこなせる英語力が必要です。P.54～55では、日本人に人気の渡航先のSIMカード事情を紹介します。

また、最近では複数国に対応した周遊SIMカードも販売されています。その国の通信事業者が販売するSIMよりやや高いのですが、汎用性が高いのが利点です。代表的なものにタイのAISのSIM2Flyがあります。日本を含むアジア18か国で利用できるアジア&オーストラリア版（8日間4GB）が現地価格で1,500円弱、アジアを含む72か国で利用できるグローバル版（15日間4GB）が3,000円強で販売されています。日本でもAmazonや楽天市場で購入することができるので、現地に到着する前にSIMカードを準備することが可能です。

AISのSIM2Flyの紹介ページ（http://www.ais.co.th/roaming/sim2fly/en/）。日本でもAmazonなどで現地とほぼ変わらない価格で購入できます。

国別格安SIM情報

各国のSIMカード情報を紹介します。ここで紹介している多くのSIMカードは、Amazonなどで事前に購入することができます。なお、アクティベーションや設定は基本的に現地で行います。

●アメリカ・ハワイ

アメリカやハワイで使える代表的なSIMは、「ZIP SIM」（https://zipsim.us/）です。アメリカの通信事業者T-MobileのMVNOです。通話ができるタイプであれば、7日間500MBのものが25ドル程度で購入できます。ZIP SIMが利用するLTE周波数はバンド2、4、12です。詳細はT-MobileのWebページ（https://support.t-mobile.com/docs/DOC-4988）で確認することができます。ZIP SIM以外には「most sim」（https://mostsim.com/：日本語ページあり）などがあり、AT&T版とT-Mobile版があります。

●グアム

グアムではドコモパシフィック、GTA、IT&E、iConnectの4つのキャリアがあり、プリペイドSIMを販売しています。これらのSIMカードはAmazonで品切れのことが多く、現地の空港でも売っていないため、現地のショッピングセンターなどにあるキャリアショップで入手する必要があります。たとえばGTAであれば、容量無制限で1日ごとに3ドルかかります。加えてSIMカード代が約10ドルかかります。利用するLTE対応周波数帯はバンド4です（https://www.gta.net/wireless/postpaid-plans）。

●ヨーロッパ（EU）

ヨーロッパで代表的な通信会社は、フランスのOrange（https://boutique.orange.fr/：フランス語）やイギリスのVodafone（https://www.vodafone.co.uk/）です。どちらもEU全域に展開しています。また、ほかの通信会社やMVNOもたくさんあります。当然料金もさまざまです。EU域内はローミング料金がかからないので、基本的にどこで買ったSIMでも使えるはずなのですが、たとえば同じVodafoneでも販売国によって対応国が異なるなど複雑です。そのため、P.53で紹介した周遊SIMや、滞在国のキャリアショップで購入するのが無難です。なお、ドイツはテロ対策の都合上、旅行者のプリペイドSIM購入が困難になっています。ヨーロッパの場合、LTE対応周波数帯はバンド3やバンド7を使用する国が多く、これらに対応していれば、高速のデータ通信が可能です。アイルランドのVodafoneのSIMは、対応国が多く非常に便利なのですが、日本では通常入手できず、eBayなどで個人のセラーから購入する必要があります。

●韓国

4G（LTE）を使用したい場合、データのみならSK telecomの「SK TELECOM Prepaid Data SIM」がおすすめです。料金は1日1GBまで最大速度、それ以降も5Mbpsで無制限3日間のものが18,000ウォンです。購入予約の必要はなく、ソウルや釜山市内の空港などで購入可能です。通話（韓国の電話番号）が必要ならKTのMVNOであるKT M mobileの「Korea SIM Blue」か、KTのプリペイドSIMがおすすめですが、予約と先払いが必要です。また、前者は仁川空港でしか受け渡しができず、後者は返却が必要です。LTE対応周波数帯は、SK telecomがバンド3/7で補助的にバンド1/5、KTがバンド1/3で補助的にバンド8です。

●タイ

P.53で紹介したSIM2Flyは、タイのAISの周遊SIMです。タイのみの旅行者であれば、AISの「TRAVELLER SIM」かTrueMove Hの「TOURIST SIM」がおすすめです。Amazonでも販売されていますし、現地でも空港や市内のキャリアショップ、コンビニなどで購入することができます。AISのTRAVELLER SIMは、8日間3GBのタイプが299バーツで、含まれている100バーツのクレジットを使用して通話することも可能です。LTE対応周波数は、AIS、TrueMove Hともバンド1/3/8です。

●台湾

台湾は空港に通信事業者各社がブースを構えており、大きな看板に種類、データ容量、料金が出ているので、スムーズに旅行者用のプリペイドSIMを購入することができます。空港で販売されているものは、空港限定プランがあり、時期などにより料金が変わります。5社ほどある通信事業者のうち、おすすめは中華電信か台湾大哥大です。料金は容量無制限で、3日間で300台湾元ほどです。LTE対応周波数帯は、中華電信がバンド3/7/8、台湾大哥大がバンド3/28です。

●香港

市内のキャリアショップを始め、市場などでもプリペイドSIMが売られているのですが、旅行者がいちばん手軽に使えるのは、CSLの「Discover Hong Kong Tourist SIM Card」でしょう。空港の「1010」という名前のショップや、街中のCSLのキャリアショップで手に入ります。料金は5日間3GBのものが88香港ドルになります。LTE対応周波数帯は、CSLがバンド3/7/40です。

Section 17

スマートフォンを変えてデータや設定を移行しよう

格安SIMに乗り換えるのと同時にスマートフォンも変更する場合は、今まで使っていたスマートフォンのデータを移行する必要があります。

Apple IDやGoogleアカウントを利用する

iPhoneであればApple IDを、AndroidスマートフォンであればGoogleアカウントを端末に設定していると思いますが、iPhone→iPhone、もしくはAndroid→Androidと同じOSの端末であれば、新しいスマートフォンにApple IDもしくは、Googleアカウントを設定するだけで、設定やメールを移行することができます。なお、Androidスマートフォンの場合、いろいろなメーカーが端末を製造していますので、別のメーカーの端末に移行する場合は、基本的な設定以外は最初からする必要があります。

ただし、格安SIMではキャリアメールが利用できないので、キャリアメールを移行することはできません。また、キャリアメールでApple IDやGoogleアカウントを登録していた場合は、キャリアメールが使えなくなるため、ほかのメールアカウントに変更しておいてください。

Apple IDはiPhoneの「設定」で、画面上部の自分の名前をタップすると、確認できます。Googleアカウントは、Androidスマートフォンで「設定」の「アカウント」などから確認できます。パスワードを忘れないようにしましょう。

💴 アプリのデータを移行するには?

アプリのデータや設定の移行は、アプリごとに個別に行う必要があります。ここでは、いくつか代表的なアプリの移行方法を紹介します。

●一般のアプリ

ほとんどのアプリはアカウント（通常はメールアドレス）を登録することで、設定やデータを移行することができます。多くのアプリは複数の端末で利用可能なので、心配であれば、もとの端末をしばらく手元に残しておいたほうがよいでしょう。

●LINE

LINEを移行するには、最低限メールアドレスの登録か、Facebookとの連携が必要になります。逆にこれさえ行っておけば、電話番号が変わっても友達やスタンプなどを引き継ぐことができます。LINEは1端末でしか利用できないので、移行したあとはもとの端末では同じアカウントでは利用できません。引き継ぎ方法は、Sec.20を参照してください。

●ゲームアプリ

ゲームアプリは、アプリによって引き継ぎ方法が異なる場合があります。また、SMSやメールなどでのコードが必要なアプリもあるので、事前に確認しておきましょう。なお、機種変更で記録やデータを引き継ぐことはできても、購入したコインやアイテムが引き継げないゲームもあります。

●Suicaなど

SuicaなどApple Payやおサイフケータイ関係も引き継ぎが必要です。Suicaなど1台の端末でしか登録できないものもあり、もとの端末から削除してから新しい端末に登録する必要があるので、注意しましょう。

LINEは、「設定」メニュー内に「アカウント引き継ぎ」の項目があります。

Section **18**

iPhoneのデータを移行しよう

ここでは、iPhoneから別のiPhoneにデータや設定を移行する方法を紹介します。iPhoneでデータや設定を移行するには、iCloudを使う方法と、パソコンでiTunesを利用する方法があります。

iPhoneはiCloudやiTunesで管理する

iPhoneでデータや設定を移行する方法としては、iCloudを使う方法とパソコンのiTunesを使う方法があります。以下に2つの方法の特徴を紹介します。

●iCloudでのバックアップ

iCloudでバックアップできる項目は以下のとおりです。なお、無料で利用できるiCloudの容量は5GBなので、それ以上のデータをバックアップするには有料のプランで容量を拡張する必要があります。また、iCloudは、Wi-Fi環境でしか利用できないので、大容量のデータを扱う場合は時間がかかります。

- カメラロールの写真やビデオ（iCloudフォトライブラリはバックアップ済）
- インストールしたアプリ
- アプリのデータとホーム画面の配置
- SMS、iMessageなどのメッセージ
- 着信音
- ボイスメモ
- Appleのサービスで購入した音楽や映画など
- 保存したパスワード
- Webサイトの履歴
- Wi-Fi設定
- ヘルスケアデータ

●iTunesでのバックアップ

iTunesでバックアップできる項目は、iCloudでバックアップできる情報に加え、以下のものがバックアップできます。バックアップできる容量は、使用するパソコンの空き容量に依存します。

- 通話履歴
- 壁紙設定
- カレンダーアプリのデータ

iCloudにバックアップする

(1) Wi-Fiに接続した状態で、＜設定＞をタップし、＜画面上部の自分の名前＞→＜iCloud＞の順にタップします。

(2) iCloudにバックアップしたいアプリをタップしてオンにします。上方向にスワイプします。

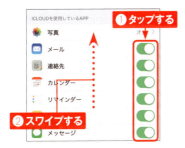

(3) 画面下部の＜iCloudバックアップ＞をタップします。

(4) ＜今すぐバックアップを作成＞をタップします。

(5) iCloudにバックアップが作成されます。

新しいiPhoneにiCloudからデータを復元する

① iOS 11以上では、かんたんに設定を移行できるクイックスタートが利用できます。新しいiPhoneを起動して初期設定を進め、「クイックスタート」の画面になったら、電源の入った古いiPhoneを近付けます。

② 新しいiPhoneには、このような模様が表示されます。

③ 古いiPhoneにこの画面が表示されたら、手順②の模様をカメラにかざします。

④ 新しいiPhoneがこの画面に変わるので、＜iCloudバックアップから復元＞をタップします。

⑤ 古いiPhoneで使っていたApple IDを入力します。

⑥ 続けてパスワードを入力し、＜次へ＞をタップします。

⑦ 新しいiPhoneでコード入力画面が表示されます。

⑧ 古いiPhoneにこのような画面が表示されるので、＜許可する＞をタップします。

⑨ 古いiPhoneにコードが表示されるので、手順⑦の新しいiPhoneの画面に入力します。

⑩ 新しいiPhoneに「利用規約」画面が表示されるので、＜同意する＞をタップします。

⑪ 復元したいバックアップをタップします。

⑫ ＜続ける＞をタップして、その他の初期設定を続けます。

💰 iTunesにバックアップする

(1) iTunesにiPhoneを接続し、画面上部の 📱 をクリックします。

(2) 「バックアップ」の項目で、＜このコンピューター＞をクリックしてチェックを付けます。必須ではありませんが、＜iPhoneのバックアップを暗号化＞をクリックします。

(3) パスワードを2回入力して、＜パスワードを設定＞をクリックすると、バックアップが始まります。

MEMO

手順②で暗号化を選択することで、パスワードやヘルスケアデータなどに加え、LINEのトーク履歴の引き継ぎもできるようになります。

新しいiPhoneにiTunesからデータを復元する

(1) iPhoneを接続する前に、iTunesの自動同期を無効にします。iPhoneを接続しないでパソコンでiTunesを起動し、＜編集＞→＜環境設定＞の順にクリックします。

(2) ＜デバイス＞をクリックし、＜iPod、iPhone、およびiPadを自動的に同期しない＞をクリックしてチェックを付け、＜OK＞をクリックします。新しいiPhoneを起動してパソコンに接続し、初期設定を進め、「クイックスタート」の画面（P.60手順①参照）で＜手動で設定＞をタップします。初期設定を進めると、P.60手順④の画面が表示されるので、＜iTunesバックアップから復元＞をタップします。

(3) iTunesにこの画面が表示されるので、＜続ける＞をクリックします。

(4) iTunesがこの画面に変わったら、＜このバックアップから復元＞をクリックし、バックアップを選択して、＜続ける＞をクリックすると、復元が始まります。P.62手順②で暗号化を選択していると、パスワードの入力が求められます。データが復元され、iPhoneが再起動します。

Section 19

Androidスマートフォンの データを移行しよう

ここでは、Androidスマートフォンから別のAndroidスマートフォンにデータや設定を移行する方法を紹介します。主要な設定やデータはGoogleアカウントで引き継げます。

Androidスマートフォンはgoogleアカウントで管理する

Androidスマートフォンでは、新しいAndroidスマートフォンに、古いAndroidスマートフォンで使っていたGoogleアカウントを設定すれば、以下の主要なデータは移行することができます。

・Google Playでインストールしたアプリの設定
・通話履歴
・端末の設定
・連絡先
・カレンダー

ただし、注意したいのは、これらのデータを、キャリアのアプリで管理していた場合です。たとえば、「ドコモ電話帳」はドコモのアプリですから、格安SIMに移行する(ドコモを解約する)と使えなくなります。連絡先やカレンダーはあらかじめGoogleの「連絡先」や「カレンダー」アプリに移行しておきましょう。
なお、Android 6.0以降であれば、Googleバックアップを利用して(P.60参照)、Googleドライブに1アプリ25MBまでインストールしたアプリやアプリデータをバックアップすることができます。ただし、この機能でバックアップできるアプリは環境によって異なり、25MBでどれぐらいのデータがバックアップされているかもはっきりしないので、あまり当てにはできません。
Androidスマートフォンの場合、パソコンを持っていれば、パソコンと接続することで、本体内のデータはほぼバックアップすることができ、写真や動画のデータもかんたんに移行できます。パソコンがない場合は、SDカードが使える機種であればSDカードを、使えない機種の場合はGoogleドライブやDropboxといったクラウドストレージサービスを利用することになります。

💴 データや設定のバックアップを確認する

① ＜設定＞をタップして、＜クラウドとアカウント＞（機種によって異なります）をタップします。

② ＜アカウント＞をタップします。

③ 登録したGoogleアカウントをタップします。

④ 同期項目が表示されるので、各項目をタップして同期を有効にします。ここで有効にした項目は、新しいAndroidスマートフォンに同じGoogleアカウントを入力すると復元されます。

Googleバックアップを利用する

① P.65手順②の画面で、＜バックアップと復元＞をタップします。

② 「GOOGLEアカウント」の項目の、＜データのバックアップ＞をタップします。

③ アカウントを複数登録している場合は、アカウントを選択します。バックアップアカウントに、アカウントが表示されるので、タップします。

④ 確認画面が表示されるので、＜OK＞をタップします。

⑤ バックアップ対象のアプリやデータが表示されます。＜バックアップ＞をタップします。

⑥ データがバックアップされます。端末を2週間使用しなかった場合、バックアップの下に有効期限が表示されます。新しいAndroidスマートフォンに同じGoogleアカウントを入力すると復元されます。

アプリやそのほかのデータのバックアップと復元

P.65～66の方法で、基本的な設定やデータはバックアップと復元が可能ですが、そのほかのデータは以下の方法でバックアップと復元を行います。

●アプリの復元

新しいAndroidスマートフォンに、Googleアカウントを設定したら、＜Playストア＞をタップして、右方向にスワイプし、メニューで＜マイアプリ＆ゲーム＞をタップします。＜ライブラリ＞をタップすると、過去にインストールしたアプリが表示されるので、再度インストールしたいアプリの＜インストール＞をタップします。

●写真や動画、音楽データのバックアップと復元

パソコンを持っているなら、Androidスマートフォンとパソコンを接続して、Windowsであればエクスプローラーから、接続したAndroidスマートフォンを開きます。撮影した写真や動画のファイルは「DCIM」というフォルダに入っているので、パソコンにコピーします。
自分でAndroidスマートフォンに取り込んだ音楽ファイルも、同様の方法でバックアップできます。
写真や動画は、パソコンを持っていないなら、「フォト」アプリを利用する方法もあります。「フォト」アプリを開き、画面を右方向にスワイプしてメニューを表示し、＜設定＞をタップします。＜バックアップと同期＞をタップし、「バックアップと同期」画面で、＜バックアップと同期＞をタップして有効にします。新しいAndroidスマートフォンで、同じGoogleアカウントを設定すれば、「フォト」アプリから同じように写真を見ることができます。なお、「アップロードサイズ」の項目で、「高画質」に設定している場合は、保存時にファイルサイズが圧縮されますが、無料で無制限に利用できます。「元の解像度」に設定している場合は、そのまま保存されますが、Googleフォトに割り当てられている保存容量（標準は15GB）を消費します。

アプリは「Playストア」アプリから再インストールすることができます。

「フォト」アプリでは、圧縮された「高画質」であれば、無制限に保存できます。

Section 20

LINEを引き継ごう

利用者が多いLINEの引き継ぎ方法をここでは紹介します。LINEの引き継ぎにはメールアドレスの登録が必要です。また、LINE Keepなどを利用することでトーク履歴も引き継ぐことができます。

🪙 LINEを引き継ぐには

キャリアから格安SIMに乗り換えても、LINEは引き継ぐことができます。LINEの引き継ぎにはメールアドレスを登録します。メールアドレスによる引き継ぎ方法は、P.69 〜 70で紹介します。
LINEの場合、1つのアカウントは1つの端末でしか使えないため、新しい端末に引き継ぐと、前の端末のLINEは利用できなくなります。
注意したいのは、格安SIMの場合、LINEモバイル以外では年齢確認ができないので、年齢認証に関連するID検索などの機能が使えなくなります。

●トーク履歴を引き継ぐには

トーク履歴を引き継ぐには、iPhoneどうしであれば、「設定」の「トーク」→「トークのバックアップ」でiCloudのバックアップが利用できます。Androidスマートフォンの場合は、トーク履歴をトーク画面の「トーク設定」→「トーク履歴をバックアップ」でバックアップし(「LINE_Backup」フォルダにバックアップ)、バックアップしたファイルを新しい端末にコピーして「トーク履歴をインポート」で復元します。iPhoneとAndroidスマートフォン間での引き継ぎは、LINE Keepを利用するのが便利でしょう。

格安SIMでは、LINEの年齢確認はできません。

引き継ぎのためのメールアドレスを登録する

① ここではAndroidスマートフォンで解説しますが、iPhoneでも基本的に同じ操作です。LINEを起動し、⚙をタップします。

② ＜アカウント＞をタップします。

③ ＜メールアドレス＞をタップします。

④ 登録したいメールアドレスとパスワードを入力し、＜確認＞をタップします。このメールアドレスとパスワードは忘れないようにしてください。

⑤ 登録したメールアドレスに認証番号が書かれたメールが届くので、確認して入力し、＜登録する＞をタップします。

⑥ ＜OK＞をタップします。

新しい端末にLINEを引き継ぐ

1 新しい端末にLINEをインストールして起動し、＜ログイン＞をタップします。

2 P.69手順④で登録したメールアドレスとパスワードを入力し、＜確認＞をタップします。

3 注意が表示されるので、＜OK＞をタップします。

4 新しい端末の電話番号を入力し（自動入力の場合もあります）、＜次へ＞をタップします。

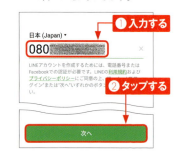

5 入力した電話番号に認証番号が書かれたSMSが届くので、入力して＜次へ＞をタップします。

6 ここでは、＜年齢確認をしない＞をタップします。これで友達などを引き継ぐことができます。

Chapter 3

ドコモから格安SIMに乗り換える

Chapter 3では、ドコモから格安SIMに乗り換える方法を紹介します。ドコモからの乗り換えは、ドコモ回線を使用するMVNOが多いため、ほとんどの場合、SIMロック解除をしなくても利用できます。自分のスマートフォンの利用スタイルを把握し、適切な格安SIMを選んで乗り換えましょう。

Section 21　ドコモから乗り換えるには
Section 22　利用状況を確認する
Section 23　MNPの準備をする
Section 24　格安SIMを申し込む
Section 25　スマートフォンを利用できるようにする

Section 21

ドコモから乗り換えるには

ここでは、ドコモから乗り換える場合のおすすめのMVNOを紹介します。また、タイプ別乗り換えの表を参考に、乗り換え手続きの流れを把握しましょう。

かんたんで選択肢が多い!

ドコモから乗り換える場合は、ドコモ回線を使用しているMVNOを選ぶのがおすすめです。ドコモ回線のMVNOの場合、ドコモで使っていた端末のSIMロックを解除する必要がありません。なお、au回線やソフトバンク回線のMVNOに乗り換えると、現在使用しているスマートフォン端末を引き続き利用したい場合、SIMロックを解除する手間がかかります。ドコモ回線のMVNOへの乗り換えは、他社回線への乗り換えよりも比較的かんたんといえます。

さらに、ドコモは、キャリアの中でもっとも高いシェア率を誇っています。したがって、ドコモの回線を借りてビジネスを展開するMVNOが多く存在しています。ドコモの利用者は、格安SIMの選択肢が多くあるのです。

ドコモから格安SIMへの乗り換えを検討している場合、ドコモ回線を使用している業者の中から、「月額料金」「通信速度」「データ量」などを比較し、自分に合ったプランや業者を選びましょう。

●ドコモの回線を使用しているMVNOリスト

IIJmio　mineo　BIGLOBEモバイル　LINEモバイル

イオンモバイル　QTモバイル　U-mobile

OCNモバイルONE　エキサイトモバイル　nuroモバイル

DTI SIM　DMMモバイル　楽天モバイル　LIBMO

など

タイプ別乗り換え

Chapter 3では、ドコモからドコモ回線を使用するMVNOに乗り換える手順を紹介します。MVNOへの乗り換えは、電話番号を変えるかどうか、端末を変えるかどうかにより、必要な手続きが異なります。以下の表を参考に、自分に必要な手順を確認し、スムーズに格安SIMを手に入れましょう。

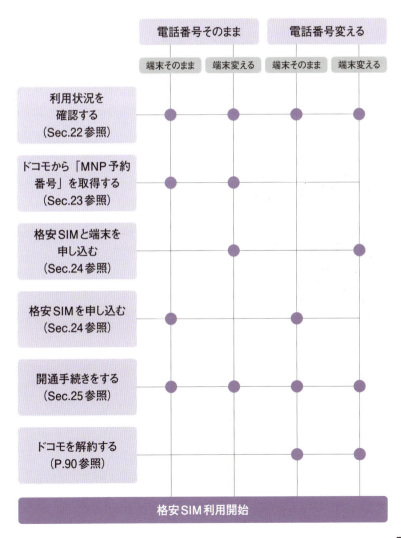

Section 22

利用状況を確認する

格安SIMへの乗り換え手続きを行う前に、My docomoで現在のスマートフォン利用状況を確認しましょう。データ通信量や音声通話時間、契約期間を把握して、スムーズにプランを検討しましょう。

💰 データ通信量を確認する

① ホーム画面で<My docomo>をタップし、dアカウントのパスワードを入力して<OK>をタップします。

② <データ通信量>をタップします。

③ データ通信量の詳細を確認することができます。

MEMO 「My docomo」アプリを利用するには

「My docomo」アプリの初回起動時は、端末にdアカウントが設定されていないことがあります。画面の指示に従ってdアカウントの設定を行いましょう。

音声通話時間を確認する

① P.74手順②の画面で＜料金＞をタップします。

② ＜通話・通信の明細＞をタップします。

③ 初回はdアカウントのIDを入力し、＜次へ＞をタップします。

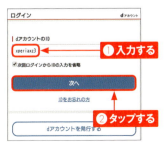

④ dアカウントのパスワード、電話番号に送信されるセキュリティコードを入力し、＜ログイン＞をタップします。

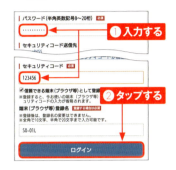

⑤ 通話時間を確認できます。

MEMO 通話明細が確認できない

通話明細の発行には、申し込みが必要です（Web上の発行は無料）。通話明細の申し込みをしていない場合は、P.76を参考に申し込みを行いましょう。また、通話明細は必ずしもすぐに確認できるわけではありません。次の請求が確定し、請求書や領収書などが発行されるときに、通話明細が確認できるようになります。

料金明細サービスに申し込む

① P.74手順②の画面で＜お客様情報＞→＜料金明細サービス＞の順にタップし、暗証番号を入力して＜暗証番号確認＞→＜次へ＞の順にタップします。

② 電話番号にSMSで送信されたセキュリティコードを入力し、＜ログイン＞をタップします。

③ 「手続き内容」で＜「毎月の料金明細を定期発行」を申込む＞をタップして選択します。

④ 「ご提供方法」で＜WEBでのご確認＞をタップして選択します。

⑤ 「注意事項・利用規約」で＜毎月の料金明細を定期発行 注意事項・利用規約＞→＜閉じる＞の順にタップして確認し、＜毎月の料金明細を定期発行の注意事項・利用規約に同意する＞をタップしてチェックを付けます。

⑥ ＜ご指定のメールアドレスへ送信＞をタップして選択し、任意のメールアドレスを2回入力し、＜次へ＞をタップします。次の画面で＜同意する＞をタップしてチェックを付け、＜手続きを完了する＞をタップします。

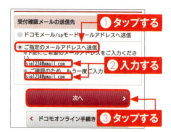

端末利用期間／契約満了月を確認する

① P.75手順②の画面で＜ご契約内容の確認・変更＞→＜次へ＞の順にタップします。

② dアカウントのパスワードを入力し、＜OK＞をタップします。

③ 「端末利用期間」で端末利用期間を確認することができます。＜2＞をタップします。

④ 「ご契約プラン」で契約満了月を確認することができます。

MEMO 月々サポート

月々サポートとは、ドコモで新規端末を購入・機種変更した際、端末代を24か月に分割して支払うサービスです。月々サポートでは、端末代の割引を受ける代わりに、端末を24か月間使い続ける必要があります。途中で解約や機種変更を行うと、割引適用前の残り金額が請求されます。契約満了月の確認とあわせて、月々サポートの利用についても確認しておきましょう。

Section 23

MNPの準備をする

今の電話番号をそのまま使用する場合は、MNP予約番号を準備する必要があります。MNP予約番号は、ドコモショップ店頭、電話、パソコンのMy docomoから入手することができます。

💴 MNP予約番号を入手する

●店頭、電話、Webで申し込む

MNP番号の発行手続きは、ドコモショップ店頭、電話、My docomo（パソコンのみ、P.79参照）で行うことができます。
店頭で申し込みを行う場合、「来店予約」を利用すると、待ち時間を減らすことが可能です。なお、契約した店舗以外の店舗でも手続きを行うことができます。
また、電話で申し込む場合は、午前9時から午後8時（年中無休）の間に、ドコモインフォメーションセンター「0120-800-0000」（ドコモのスマートフォンの場合、「151」でも可能）に電話をかけ、音声ガイダンスに従って手続きを行います。
この際、MNP予約番号と有効期限のメモを取れるよう、準備をしておきましょう。

 MNP予約番号の有効期限に注意

> MNP予約番号には、有効期限が設けられています。MVNOに申し込む時点で、MNP予約番号期限の残り日数がある程度ないと、MVNOに申し込むことができないため、注意が必要です。

●Web申し込み手順

① パソコンで「ご解約の前に」(https://www.nttdocomo.co.jp/support/procedure/change_release/release/) にアクセスし、任意の項目の＜詳しく読む＞→＜ご解約を希望される方へ＞の順にクリックします。

② ＜MNPのお手続き方法＞をクリックします。

③ ＜お申込み＞をクリックし、dアカウントのIDを入力して＜次へ＞をクリックします。続けて、dアカウントのパスワードを入力して＜ログイン＞をクリックします。

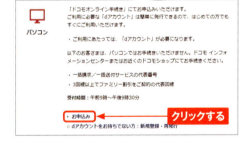

④ ＜解約お手続き＞をクリックし、画面の指示に従って申し込みます。

Section **24**

格安SIMを申し込む

格安SIMは、Webサイトからかんたんに申し込むことができます。また、MVNOによっては、実店舗がある場合や、家電量販店で取り扱われている場合もあります。

格安SIMの申込方法

格安SIMの申し込みは、MVNO各社Webサイトから行うことができます。また、実店舗がある場合は、店頭での申し込みも可能です。

申し込みには、本人確認書類（運転免許証、旅券など）、本人名義のクレジットカード、ドコモのメールアドレス以外のメールアドレス（GmailやYahoo!メールなど）などが必要です。また、今まで使用していた電話番号を引き続き利用する場合には、MNP予約番号（P.78参照）を準備しておきましょう。なお、IIJmioの場合、MNP予約番号の期限が10日以上残っていないと、格安SIMの申し込みができません。

申し込みに必要なもの	・本人確認書類（運転免許証、旅券など） ・本人名義のクレジットカード ・ドコモ以外のメールアドレス ・MNP予約番号（今まで使用していた電話番号を引き続き利用する場合。P.78参照）

Webから格安SIMを申し込む

ここでは、IIJmioのWebサイト「https://www.iijmio.jp/」を例に解説を行います。

① <ご購入・お申し込み>をタップします。

② <mio会員登録・お申し込み>をタップします。

③ <上記に記載する「お申し込みの前に」の内容に同意する><以下に記載する弊社の個人情報の取り扱いに関する事項に同意する>をそれぞれタップしてチェックを付け、<次へ>をタップします。

④ ここでは<パッケージをお持ちでない方>をタップしてチェックを付け、<次へ>をタップします。

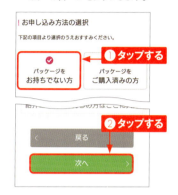

⑤ 「端末を選ぶ」欄でいずれか(ここでは<SIMのみ購入>)をタップしてチェックを付け、<次へ>をタップします。

⑥ ドコモ回線を使用する<タイプD>をタップしてチェックを付けます。以降、画面の指示に従って申し込みます。

Section **25**

スマートフォンを利用できるようにする

スマートフォンに格安SIMのSIMカードを装着し設定を行えば、格安SIMの利用を開始できます。MNP転入の有無、音声通話対応かどうか、Android端末かiPhoneかにより、手順が異なります。

SIMカード到着から開通手続きまで

SIMカードが手元に届いたら、格安SIMが使えるように設定を行いましょう。新しい電話番号を利用する場合や、データ通信専用SIMカードの場合は、SIMカードを装着したあと、通信設定（APN設定）を行うだけで格安SIMの利用を開始することができます。一方、以前の電話番号を使用する場合は、電話番号引き継ぎのためのMNP転入手続きを行う必要があるので、MNP転入手続き、SIMカード装着、通信設定の順に設定を行います。

通信設定とは、インターネット接続のために必要な設定のことです。通信設定は、iPhoneとAndroid端末それぞれ異なる方法で行います。iPhoneの場合は、構成プロファイルをインストールします。一方、Android端末は、端末の「設定」アプリで設定を行いますが、その際必要な情報は各社WebサイトやP.83を参照してください。なお、iPhoneで通信設定を行うには、Wi-Fi環境が必要です。

●格安SIM開通手続きの流れ

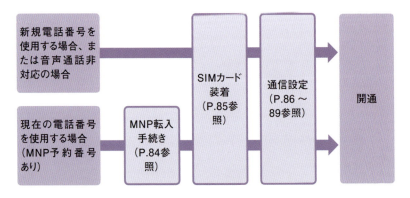

●Androidでの通信設定（APN設定）リスト

	APN		ユーザ名	パスワード	認証タイプ	備考
IIJmio	IIJmio.jp		mio.@iij	iij	PAPまたはCHAP	
イオンモバイル	i-aeonmobile.com		user	0000	PAPまたはCHAP	
	n-aeonmobile.com		user@n-aeonmobile.com			
エキサイトモバイル	vmobile.jp		不要（必要な場合bb@excite.co.jp）	不要（必要な場合excite）	PAPまたはCHAP	MCCは440、MNCは10
OCNモバイルONE	LTE端末	lte-d.ocn.ne.jp	mobileid@ocn	mobile	PAPまたはCHAP	MCCは440、MNCは10
	3G端末	3g-d-2.ocn.ne.jp				
QTモバイル	vmobile.jp		qtnet@bbiq.jp	bbiq	PAPまたはCHAP	
DMMモバイル	dmm.com（2015年6月16日13時29分以前入会の場合vmobile.jp）		不要	不要	PAPまたはCHAP	
DTI SIM	DTI	dti.jp	dti	dti	PAPまたはCHAP	PDPタイプはIP、ダイヤル番号は*99***1#
	20's SIM／DII見放題	in.dream.jp				
BIGLOBEモバイル	biglobe.jp		user	0000	PAPまたはCHAP	PDPタイプはIP
nuroモバイル	so-net.jp		nuro	nuro	CHAP	
mineo	mineo-d.jp		mineo@k-opti.com	mineo	CHAP	
U-mobile	U-mobile Premium	umob.jp	umob	umob	PAPまたはCHAP	MCCは440、MNCは20
	U-mobile Super	plus.acs.jp	ym	ym	CHAP	
	上記以外	dm.jplat.net	umobile@umobile.jp	umobile	PAPまたはCHAP	
LINEモバイル	line.me		line@line	line	PAPまたはCHAP	
楽天モバイル	rmobile.jp		rm	0000	PAPまたはCHAP	PDPタイプはIP、MCCは440、MNCは10
LIBMO	libmo.jp		user@libmo	libmo	PAPまたはCHAP	

開通手続きをする

●MNP転入手続きを行う

現在の電話番号を利用する場合のみ、MNP転入手続きを行います(MVNOに申し込んだ際、MNP転入手続き済みSIMカードを選択した場合はMNP転入手続きが不要)。MNP転入手続きには、「MNP予約番号(Sec.23参照)」「現在の電話番号」「SIMカードの識別番号(ICCID)の下4桁(SIMカード台紙に記載)」を用意しましょう。MNP転入手続きの方法は、「電話」「店頭」「Webサイト」など、MVNOによって異なります。

電話でMNP転入手続きを行う場合、現在の電話番号から各社開通センターに電話をかけます。電話でのMNP手続きは、切り替えで電話番号の使えない時間がほとんどない方法です。ただし、手続きはMVNO各社開通センターの営業時間内に行う必要があります。

店頭でのMNP転入手続きは、必要なものを用意したうえで、各MVNO実店舗を訪れて手続きを行います。この場合、電話番号が使えない時間はありません。

Webサイトでの MNP転入手続きは、手続き可能な時間内に各社Webサイトのマイページ上で行います。ただし、手続き中の数日間、電話番号が使えないので、注意が必要です。

	手続き方法	備考
IIJmio	電話	「IIJmioオンデマンド開通センター」(0120-711-122)、9時〜19時
イオンモバイル	イオン店舗、Webサイト	「イオンデジタルワールド マイページ」(https://shop.aeondigitalworld.com/)
エキサイトモバイル	Webサイト	「自宅でスマホ切り替え」(https://bb.excite.co.jp/exmb/sim/norikae/)、9時〜19時
OCNモバイルONE	Webサイト	「MNP転入 開通手続き受付」(https://login.ocn.ne.jp/auth/s2006/pc/AuthLoginDisplay.action)
QTモバイル	Webサイト	「BBIQ会員専用ページ」(https://support.bbiq.jp/)、9時〜19時
DMMモバイル	Webサイト	「DMMモバイル マイページ」(https://mvno.dmm.com/)、10時〜19時
DTI SIM	Webサイト	「MyDTI」(https://dream.jp/) 9時〜19時、年末年始を除く
BIGLOBEモバイル	Webサイト	「モバイル契約情報」(https://login.sso.biglobe.ne.jp/scpf_op/auth.php?custom_id=support)
nuroモバイル	Webサイト	「ご利用者向けページ 開通予約ページ」(http://mobile.nuro.jp/)(nuromobileに申し込んだ際、「切り替えタイミング」で「MNP済みのSIMを受け取る」を選択した場合、手続き不要)
mineo	Webサイト	「mineoマイページ」(https://mineo.jp/) 9時〜21時
U-mobile	Webサイト	「届出方式 開通依頼お手続き」(https://vc.umobile.jp/apply/gray/top)(U-mobile Superは自動形式(MNP転入済SIMの発行)のみ対応のため、手続き不要)
LINEモバイル	電話、Webサイト	「利用開始手続き窓口」(0120-889-279)、10時〜19時「マイページ利用開始手続きをする」(https://mobile.line.me/)
楽天モバイル	電話、楽天モバイルショップ、(Webサイト)	「楽天モバイル開通受付センター」(0800-805-1111)(楽天モバイルWeb申し込みの際、同時にMNP転入手続きをした場合、手続き不要)
LIBMO	電話	「LIBMOお客様センター」(0120-27-1146)、10時〜18時

●SIMを装着する

① スマートフォンの電源を切り、側面のSIM挿入口からトレイを引き出し、ドコモのSIMカードを取り出します。

引き出す

② 端子部分に手が触れないように、台紙からSIMカードを切り取ります。すべてのサイズに対応する「マルチSIM」の場合、利用するスマートフォンのサイズに合わせて切り取りましょう。

切り取る

③ SIMをトレイに乗せ、SIM挿入口に差し込みます。スマートフォンの電源を入れます。

❶乗せる
❷差し込む

 iPhoneの場合

iPhoneのSIMカードを入れ替える場合、トレイの下の穴にSIM取り出しツール（iPhoneパッケージに同梱。ペーパークリップなども可）を差し込むと、トレイが飛び出します。飛び出したトレイを引き出し、SIMカードを替えたら、トレイをもとに戻します。

💴 iPhoneで通信設定をする

iPhoneでは、プロファイルをダウンロードすることで通信設定が完了し、格安SIMを利用できるようになります。なお、MVNOによってはすでに通信設定がされていることがあり、その場合はプロファイルのダウンロードは不要です。

(1) iPhoneをWi-Fiに接続し、通信可能な状態にします。

(2) をタップして、利用するMVNOのプロファイルダウンロードページ（ここでは、「IIJmio iOS APN構成プロファイル」）を開きます。

(3) ＜構成プロファイルをダウンロード＞をタップします。

(4) ＜許可＞をタップします。

(5) <インストール>をタップします。

(6) <次へ>をタップします。

(7) <インストール>をタップします。

(8) <インストール>をタップします。

(9) <完了>をタップします。

Android端末で通信設定をする

Android端末では、「設定」アプリから通信設定を行います。なお、端末により手順や表記などが異なります。

① ホーム画面やアプリ一覧など（ここでは「アプリフォルダ」画面）で、＜設定＞をタップします。

② ＜ネットワークとインターネット＞をタップします。

③ ＜モバイルネットワーク＞をタップします。

④ ＜詳細設定＞をタップします。

⑤ ＜アクセスポイント名＞をタップします。

⑥ ＋（または、メニュー内の＜新しいAPN＞）をタップします。

(7) <名前><APN><ユーザー名><パスワード>をそれぞれタップして入力します。

(8) <認証タイプ>をタップして選択します。

MEMO APN設定について

「名前」「APN」「ユーザー名」「パスワード」「認証タイプ」は、MVNOにより異なります。必要な情報がわからない場合は、P.83、もしくは各社Webサイトを確認しましょう。

(9) ︙をタップします。

(10) <保存>をタップします。

(11) <OK>をタップします。

(12) 設定したAPNをタップして選択します。

ドコモを解約するには

MNP転入を行っていない場合は、Sec.22～25の手続きを行って格安SIMを開通させたあと、ドコモの解約手続きを行う必要があります。なお、MNP転入（P.84参照）をした場合は、MNP転入手続きを行った時点でドコモとの契約が自動的に解除されるため、ドコモの解約手続きをする必要がありません。ドコモを解約するにはドコモショップに行く必要があります。Web上で解約することはできません。

解約時に注意したい点は、「月々サポート」（P.77参照）などの端末割賦の有無と、2年縛りの契約月の確認です。ドコモは基本的に、2年単位で契約を更新するしくみになっています。たとえば、2019年1月に契約をすると、2021年1月～3月が更新月になります。解約する場合は更新月内（2019年3月以降に契約満了となる場合、契約満了月の当月～翌々月の3か月間）に行うことをおすすめします。もし、更新月を過ぎると自動的に新しく2年契約が結ばれます。契約期間中に解約をすると、解約金という形で手数料を取られてしまいます。解約金で余分に支払うことがないよう、乗り換えのタイミングには注意したいものです。

解約時には、ドコモUIMカード、ドコモeSIMカードを返却する必要があります。万一、ドコモUIMカード、ドコモeSIMカードを紛失して持っていない場合は、ネットワーク暗証番号、または本人確認のできる書類（氏名・生年月日・現住所が確認できるもの）が必要となります。本人確認のできる書類は、コピーでの代用が不可のため、原本を持参しましょう。なお、本人確認のできる書類とは、運転免許証やマイナンバーカード（個人カード）などです。運転免許証やマイナンバーカードがない場合は、健康保険証か住民基本台帳、在留カード、または外国人登録証明書のいずれか1点と補助書類（発行から3か月以内の公共料金領収書、または「マイナンバー」の印字がない住民票）、あわせて2点の書類でも本人確認が可能です。なお、ドコモポイントは解約と同時に失効します。dポイントは、dアカウントを発行している場合は引き続き利用することができます。

●解約に必要なものリスト

・ドコモUIMカード、またはドコモeSIMカード
または
・ネットワーク暗証番号
または
・本人確認のできる書類

auから格安SIMに乗り換える

Chapter 4

auから格安SIMに乗り換える場合、auプランのあるMVNOを選ぶことがポイントになります。また、auからの乗り換えは、SIMロック解除や音声通話などの点において、いくつか注意を払う必要があります。重要なポイントを理解し、適切なプランを選んで乗り換えましょう。

Section 26 auから乗り換えるには
Section 27 利用状況を確認する
Section 28 SIMロックを解除する
Section 29 MNPの準備をする
Section 30 格安SIMを申し込む
Section 31 スマートフォンを利用できるようにする

Section **26**

auから乗り換えるには

auの場合、VoLTE対応のスマホであるかどうか確認しておくことが肝心です。ここでは、auからauの回線を使用するMVNOへの乗り換えの流れや、注意事項を紹介します。

VoLTEや対応周波数に注意

auから格安SIMに乗り換える場合、いくつか注意が必要です。
現在使用しているauの端末に格安SIMのSIMカードを挿して使用する場合、事前にSIMロックの解除をする必要があります。また、利用する通信会社によっては、エリア外になることや通信速度が低下する可能性があるので、注意が必要です。
また、auの最近のスマートフォンは、すべての通話にVoLTEというシステムを使っています。auプランがあり、端末セットがあるMVNOのSIMカードであれば問題ありませんが、VoLTE対応のau携帯電話の場合、VoLTE対応のSIMでないと通話ができなくなります。
さらに、auはMNP予約番号の取得がWebからはできません。電話（0077-75470、無料、受付時間9時〜20時）での手続き、もしくは、auショップに行くことで、MNP予約番号を取得することができます。なお、MNP予約番号の有効期限は取得日当日を含め、15日間となっています。MVNOによっては、「MNP予約番号の期限が○日以上あること」を申し込み可能条件としているので、早めに申し込みを行いましょう。
SIMフリーのiPhoneでauを利用している人は、ネットワーク設定オプション（無料）が必要です。My auの「オプションサービス追加・変更」画面で、「ネットワーク設定オプション」を追加します。

 VoLTEとは

VoLTEとは、「Voice over LTE」の略で、音声をデータに変換し、従来の3Gではなく、より高速のLTE回線を使用して通話を行うしくみのことです（Sec.10参照）。

タイプ別乗り換え

Chapter 4では、auからau回線を使用するMVNOに乗り換える手順を紹介します。MVNOへの乗り換えは、電話番号を変えるかどうか、端末を変えるかどうかにより、必要な手続きが異なります。以下の表を参考に、自分に必要な手順を確認し、スムーズに格安SIMを手に入れましょう。

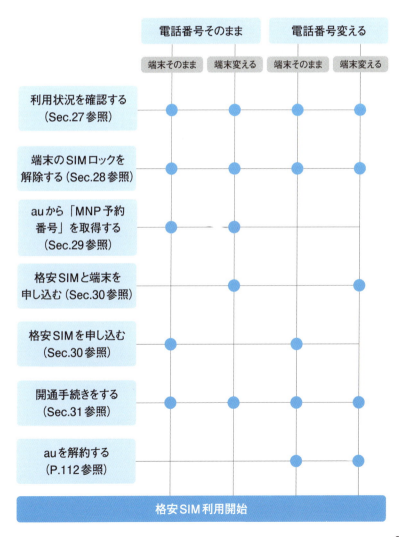

Section 27

利用状況を確認する

格安SIMへの乗り換え手続きを行う前に、My auで現在のスマートフォン利用状況を確認しましょう。データ通信量や音声通話時間、契約期間を把握して、スムーズにプランを検討しましょう。

データ通信量を確認する

1. ブラウザでMy auを開き、ログインしていない場合はログインを行います。＜スマートフォン・携帯電話＞をタップします。

2. ＜現在の残データ容量＞→＜データ利用量（内訳）の確認.＞の順にタップします。

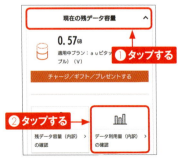

3. 昨日までのデータ通信量の詳細を確認することができます。＜こちら＞をタップします。

4. 今月および前月のデータ通信量を確認することができます。

音声通話時間を確認する

① P.94手順①の画面で、＜料金内訳を確認する＞をタップします。「暗証番号入力」画面が表示されたら、暗証番号を入力して＜次へ＞をタップします。

② ＜通話明細＞をタップします。

③ 通話明細を確認できます。

MEMO 通話明細が確認できない

通話明細の発行には、申し込みが必要です（Web上の発行は無料）。通話明細の申し込みをしていない場合は、P.96を参考に申し込みを行いましょう。また、通話明細は必ずしもすぐに確認できるわけではありません。次の請求が確定し、請求書や領収書などが発行されるときに、通話明細が確認できるようになります。

通話明細を申し込む

(1) ホーム画面で＜My au＞をタップします。

(2) ＜変更手続き＞→＜ご請求・お支払方法＞の順にタップします。

(3) ＜通話明細サービスの申込みをする＞をタップします。暗証番号を入力し、＜次へ＞をタップします。

(4) ここでは＜通話明細分計サービス＞をタップして選択し、＜Web（My au）で確認する＞をタップして選択したら、＜同意して次に進む＞をタップします。

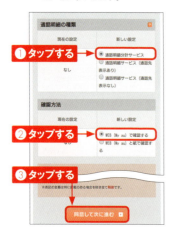

(5) ＜My au『登録情報変更履歴』にて確認する。＞をタップして選択し、＜この内容で申し込む＞をタップします。

端末利用期間／契約満了月を確認する

(1) P.96手順②の画面で＜ご契約内容＞→＜スマートフォン 携帯電話＞の順にタップします。

(2) ＜お客様情報の確認・変更＞をタップします。

(3) ＜お客様登録情報＞をタップすると、「au契約期間」の項目で契約期間を確認することができます。

(4) 手順③の画面で＜ご利用機種情報＞をタップすると、「利用月数」で端末利用期間を確認することができます。

MEMO 毎月割・購入サポート

毎月割とは、auで新規端末を購入・機種変更した際、端末代を24か月に分割して支払うサービスです。毎月割では、端末代の割引を受ける代わりに、24か月間端末を使い続ける必要があります。

au購入サポートは、購入した端末を12か月間継続して利用することを条件に、料金の割引を受けるサービスです。12か月未満で解約した場合、解除料金が請求されます。

これらのサービスに契約していないかどうか、手順③の画面で＜ご契約情報＞をタップして確認しましょう。

Section 28

SIMロックを解除する

SIMロックの解除には条件があります。ここでは、SIMロックを解除するうえで押さえておきたいポイントについて解説していきます。My auからSIMロックを解除する手順も解説します。

SIMロック解除の流れ

ドコモ、au、ソフトバンクの各キャリアには、他キャリアのSIMカードが使えないように端末に制限がかけられています。どのキャリアからも通信できるようにするためには、SIMロックを解除する必要があります。

SIMロックの解除には2通りの方法があります。1つはauショップに来店して行う方法、もう2つはMy auから行う方法です。My auからは手数料無料で手続きできますが、店頭の場合は3,240円（税込）がかかります（下記表参照）。

SIMロック解除の際に必要な条件は各キャリアによって異なります。条件を満たしていないとSIMロックの解除ができない場合もあるので、事前に確認しておきましょう。

SIMロックの解除には、現在利用しているスマートフォンの機種名や端末固有の製造番号であるIMEI番号を確認しておく必要があります。P.99の手順でスマートフォンの機種名とIMEI番号を確認し、SIMロック解除を行ってください。

なお、端末によってはSIMロックの解除が不要なものもあります。au系格安SIM事業者のWebサイトで確認してください。

	店頭	My au（Web）
手数料	3,240円（税込）	無料
条件	・2015年4月23日以降に販売された機種 ・分割払いの場合は購入日より101日目以降（一括払いの場合は購入日より可） ・au回線を解約済みの場合は、解約日から100日以内（auショップのみ対応）	
事前に用意するもの	・SIMロックを解除する端末 ・SIMロック解除後に使用するSIMカード	―
受付時間	利用店舗により異なる	9時～21時30分

IMEI番号を確認する

(1) アプリ一覧やアプリフォルダで＜設定＞をタップします。

(2) 画面を上方向にスワイプし、＜システム＞をタップします。

(3) ＜端末情報＞をタップします。

(4) 「モデル」でスマートフォンの機種名、「IMEI」でIMEI番号を確認することができます。

MEMO: iPhoneでIMEI番号を確認する

iPhoneの場合は、ホーム画面で＜設定＞をタップし、＜一般＞→＜情報＞の順にタップして確認することができます。

💴 My auでSIMロックを解除する

① P.96を参考に「My au」アプリを起動し、＜ご契約内容＞→＜スマートフォン 携帯電話＞の順にタップします。

② ＜お客様登録情報の確認・変更＞をタップします。

③ ＜お問い合わせ／お手続き＞→＜SIMカードに関するご案内＞の順にタップします。

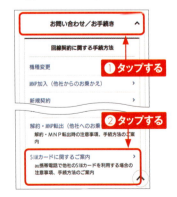

④ ＜SIMロック解除のお手続きはこちら＞をタップします。

⑤ ＜SIMロック解除のお手続き＞をタップします。暗証番号を入力し、＜次へ＞をタップします。

⑥ SIMロック解除を行う端末のチェックボックスをタップしてチェックを付け、＜次へ＞をタップします。「解除の理由」をプルダウンメニューから選択し、＜この内容で申し込む＞をタップします。

Section **29**

MNPの準備をする

今の電話番号をそのまま使用する場合は、MNP予約番号を準備する必要があります。MNP予約番号は、auショップ店頭や電話で入手することができます。

電話と店頭で申し込む

●店頭、電話で申し込む

MNP予約番号の発行手続きは、auショップ店頭、電話で行うことができます。店頭で申し込みを行う場合、「au STAR」(http://star.auone.jp/austar/service_page.html)に無料会員登録をすると、来店予約をすることが可能です。なお、契約した店舗以外の店舗でも手続きを行うことができます。

また、電話で申し込む場合は、9時から20時の間に、受付窓口「0077-75470」(無料)に電話をかけ、手続きを行います。この際、MNP予約番号と有効期限のメモを取れるよう、準備をしておきましょう。

なお、auでは、WebからMNP予約番号を入手することはできません。ただし、3Gケータイ(EZwebにアクセスできるもの)のみWebからMNP予約番号を取得することができます。

> **MEMO　MNP予約番号の有効期限に注意**
>
> MNP予約番号には、有効期限が設けられています。MVNOに申し込む時点で、MNP予約番号期限の残り日数がある程度ないと、MVNOに申し込むことができないため、注意が必要です。

Section **30**

格安SIMを申し込む

格安SIMは、Webサイトからかんたんに申し込むことができます。
また、MVNOによっては、実店舗がある場合や、家電量販店で取り扱われている場合もあります。

格安SIMの申し込み方法

格安SIMの申し込みは、MVNO各社Webサイトから行うことができます。また、実店舗がある場合は、店頭での申し込みも可能です。
申し込みには、本人確認書類(運転免許証、旅券など)、本人名義のクレジットカード、auのメールアドレス以外のメールアドレス(GmailやYahoo!メールなど)などが必要です。また、今まで使用していた電話番号を引き続き利用する場合には、MNP予約番号(P.101参照)を準備しておきましょう。なお、mineoの場合、MNP予約番号の期限が10日以上先でないと、格安SIMの申し込みができません。

申し込みに必要なもの	・本人確認書類(運転免許証、旅券など) ・本人名義のクレジットカード ・au以外のメールアドレス ・電話番号(mineoなどの場合) ・MNP予約番号(今まで使用していた電話番号を引き続き利用する場合。P.101参照)

Webから格安SIMを申し込む

ここでは、mineoのWebサイト「https://mineo.jp」を例に解説を行います。

1. mineoのWebサイトにアクセスし、＜お申し込みはこちら!＞をタップします。

2. ＜今すぐWebで申し込む＞をタップします。

3. 端末購入の有無やプランなどをタップし、＜次に進む＞→＜申し込まない＞の順にタップします。

4. SIMカードのサイズをタップして選択し、＜次に進む＞→＜申し込まない＞の順にタップします。

5. 任意でオプションサービスを選択し、＜次に進む＞をタップします。

6. ＜新規登録＞または＜eoIDでログイン＞をタップします。以降、画面の指示に従って申し込みます。

Section **31**

スマートフォンを利用できるようにする

スマートフォンにSIMカードを装着して設定を行えば、格安SIMの利用を開始できます。MNP転入の有無、音声通話対応かどうか、Android端末かiPhoneかにより、手順が異なります。

SIMカード到着から開通手続きまで

SIMカードが手元に来たら、格安SIMが使えるように設定を行いましょう。新しい電話番号を利用する場合や、データ通信専用SIMカードの場合は、SIMカードを装着したあと、通信設定（APN設定）を行うだけで格安SIMの利用を開始することができます。一方、以前の電話番号を使用する場合は、電話番号引き継ぎのためのMNP転入手続きを行う必要があるので、MNP転入手続き、SIMカード装着、通信設定の順に設定を行います。

通信設定とは、インターネット接続のために必要な設定のことです。通信設定は、iPhoneとAndroid端末それぞれ異なる方法で行います。iPhoneの場合は、構成プロファイルをインストールします。一方、Android端末は、端末の「設定」アプリで設定を行いますが、その際必要な情報は各社WebサイトやP.105を参照してください。なお、iPhoneで通信設定を行うには、Wi-Fi環境が必要です。

●格安SIM開通手続きの流れ

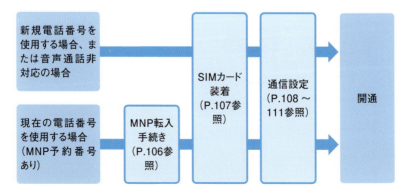

●Androidでの通信設定（APN設定）リスト

	APN	ユーザ名	パスワード	認証タイプ	備考
UQモバイル	uqmobile.jp	uq@uqmobile.jp	uq	CHAP	APNプロトコルはIPv4v6、またはIPv4/IPv6、APNタイプはdefault, mms, supl, hipri, dun
IIJmio	IIJmio.jp	mio.@iij	iij	PAPまたはCHAP	
イオンモバイル	i-aeonmobile.com	user	0000	PAPまたはCHAP	
QTモバイル	mineo.jp	qtnet@bbiq.jp	bbiq	CHAP	MCCは440。MNCは、VoLTE SIMを利用しない場合50、VoLTE SIMを利用する場合51を入力
BIGLOBEモバイル	biglobe.jp	user	0000	PAPまたはCHAP	PDPタイプはIP、APNタイプはdefault,supl,dun
mineo	mineo.jp	mineo@k-opti.com	mineo	CHAP	
楽天モバイル	rmobile.jp	rm	0000	PAPまたはCHAP	PDPタイプはIP、MCCは440、MNCは10
J:COMモバイル	vmobile.jp	不要	不要	PAPまたはCHAP	

通信設定（APN設定）について

Androidスマートフォンでは、格安SIMを利用するためにAPNの設定が必要です。通信設定については、各社WebサイトやSIMカードと一緒に送付された資料に記載されています。上記の表に記載されていないMVNOについては、そちらを確認してみましょう。

開通手続きをする

●MNP転入手続きを行う

現在の電話番号を利用する場合のみ、MNP転入手続きを行います（MVNOに申し込んだ際、MNP転入手続き済みSIMカードを選択した場合はMNP転入手続きが不要）。MNP転入手続きには、「MNP予約番号（Sec.29参照）」「現在の電話番号」「SIMカードの識別番号（ICCID）の下4桁（SIMカード台紙に記載）」を用意しましょう。MNP転入手続きの方法は、「電話」「店頭」「Webサイト」など、MVNOによって異なります。

電話でMNP転入手続きを行う場合、現在の電話番号から各社開通センターに電話をかけます。電話でのMNP手続きは、切り替えで電話番号の使えない時間がほとんどない方法です。ただし、手続きはMVNO各社開通センターの営業時間内に行う必要があります。

店頭でのMNP転入手続きは、必要なものを用意したうえで、各MVNO実店舗を訪れて手続きを行います。この場合、電話番号が使えない時間がありません。Webサイトでの MNP転入手続きは、手続き可能な時間内に各社Webサイトのマイページ上で行います。ただし、手続き中の数日間、電話番号が使えないので、注意が必要です。

	手続き方法	備考
UQモバイル	Webサイト	「my UQ mobile」（https://my.uqmobile.jp/leo-bs-ptl-web/view/PSYSATH001_90/init/）
IIJmio	電話	「IIJmioオンデマンド開通センター」（0120-711-122）、9時～19時
イオンモバイル	イオン店舗、Webサイト	「イオンデジタルワールド マイページ」（https://shop.aeondigitalworld.com/）
QTモバイル	Webサイト	「BBIQ会員専用ページ」（https://support.bbiq.jp/）、9時～19時
BIGLOBEモバイル	Webサイト	「モバイル契約情報」（https://login.sso.biglobe.ne.jp/scpf_op/auth.php?custom_id=support）
mineo	Webサイト	「mineoマイページ」（https://mineo.jp/）、9時～21時
楽天モバイル	電話、楽天モバイルショップ、（Webサイト）	「楽天モバイル開通受付センター」（0800-805-1111）（楽天モバイルWeb申し込みの際、同時にMNP転入手続きをした場合、手続き不要）
J:COMモバイル	Webサイト	「お客様情報ページ」（https://www.member.jcom.co.jp/frontlogin.do）

●SIMを装着する

① スマートフォンの電源を切り、側面のSIM挿入口からトレイを引き出し、古いSIMカードを取り出します。

② 端子部分に手が触れないように、台紙からSIMカードを切り取ります。すべてのサイズに対応する「マルチSIM」の場合、利用するスマートフォンのサイズに合わせて切り取りましょう。

③ SIMカードをトレイに乗せ、SIM挿入口に差し込みます。スマートフォンの電源を入れます。

MEMO iPhoneの場合

iPhoneのSIMカードを入れ替える場合、トレイの下の穴にSIM取り出しツール（iPhoneパッケージに同梱。ペーパークリップなども可）を差し込むと、トレイが飛び出します。飛び出したトレイを引き出し、SIMカードを替えたら、トレイをもとに戻します。

💴 iPhoneで通信設定をする

iPhoneでは、プロファイルをダウンロードすることで通信設定が完了し、格安SIMを利用できるようになります。なお、MVNOによってはすでに通信設定がされていることがあり、その場合はプロファイルのダウンロードが不要です。

① Wi-Fiに接続し、通信可能な状態にします。

② ホーム画面で🧭をタップします。

③ 入力欄をタップして「https://mineo.jp/r/a/apn/」（利用するMVNOのプロファイルダウンロードページ。ここではmineo）と入力し、＜Go＞（または＜開く＞）をタップします。

④ ＜許可＞をタップします。

⑤ <インストール>をタップします。パスコードの入力を求められた場合、パスコードを入力します。

⑥ <インストール>をタップします。

⑦ <インストール>をタップします。

⑧ プロファイルがインストールされます。<完了>をタップします。

💴 Android端末で通信設定をする

Android端末では、「設定」アプリから通信設定を行います。なお、端末により手順や表記などが異なります。

① アプリ一覧やアプリフォルダで、<設定>をタップします。

② <ネットワークとインターネット>をタップします。

③ <モバイルネットワーク>をタップします。

④ <詳細設定>をタップします。

⑤ <アクセスポイント名>をタップします。

⑥ ＋(または、メニュー内の<新しいAPN>)をタップします。

⑦ <名前(任意)><APN><ユーザー名><パスワード>をそれぞれタップして入力します。

⑧ <認証タイプ>をタップします。

⑨ ここでは<CHAP>をタップします。

⑩ ︰をタップします。

⑪ <保存>をタップします。

⑫ 設定したAPNをタップして選択します。

auを解約するには

MNP転入を行っていない場合は、Sec.27～31の手続きを行って格安SIMを開通させたあと、auの解約手続きを行う必要があります。なお、MNP転入（P.101参照）をした場合は、MNP転入手続きを行った時点でauとの契約が自動的に解除されるため、auの解約手続きをする必要がありません。

auを解約するには、auショップに行く必要があります。Web上や電話、郵送で解約することはできません。また、契約者本人がauショップへ行き、手続きをしなければなりません。

解約時に必要なものは、印鑑（サイン可）、運転免許証や健康保険証、パスポートなど本人確認ができる書類の原本（コピー不可）、また、auのスマートフォン本体または携帯電話本体（なくても可）となります。現住所と本人確認書類に記載されている住所が異なる場合は、補助書類（公共料金領収書、発行日から3か月以内の住民票、発行日から3か月以内の届出避難場所証明書）を用意する必要があります。

解約前に、あらかじめ契約月の確認をしておきましょう。auでは、2年契約の場合と1年契約の場合があります。更新月、更新期間の確認は「ご契約情報（My au）」より確認できるので、Sec.27を参考にチェックしましょう。なお、更新月、更新期間内での契約解除料は2年契約の場合は9,500円、1年契約の場合は3,000円です。もし契約解除料がかかる場合は、支払いの準備も行います。

2年契約の場合、au加入日から翌月までを1か月目とし、24か月目～26か月目が契約更新期間です（2019年3月以降に契約を満了する場合）。この間に契約を解除すれば、契約解除料がかかりません。なお、自動更新なしの2年契約の場合、25か月目以降であれば、契約解除料がかかりません。

●解約に必要なものリスト

- 印鑑（サイン可）
- 本人確認のできる書類（コピー不可）
- 契約解除料（必要な場合）
- auのスマートフォン、または携帯電話（なくても可）

Chapter 5

ソフトバンクから
格安SIMに乗り換える

ソフトバンクから格安SIMに乗り換えるには、ソフトバンクプランのあるMVNOを選ぶのがポイントです。このChapterでは、MNPや格安SIMへの申し込み方法のほか、SIMカードが到着してから開通するまでの流れを解説しています。ポイントを押さえて、格安SIMへの乗り換えをスムーズに行いましょう。

Section 32　ソフトバンクから乗り換えるには
Section 33　利用状況を確認する
Section 34　SIMロックを解除する
Section 35　MNPの準備をする
Section 36　格安SIMを申し込む
Section 37　スマートフォンを利用できるようにする

Section 32

ソフトバンクから乗り換えるには

ここでは、ソフトバンクから格安SIMに乗り換えるための方法について解説していきます。タイプ別乗り換えの流れも解説しているので、表を参考にして乗り換え手続きを行いましょう。

iPhoneなら乗り換えがかんたん

ソフトバンクのiPhoneは、ソフトバンク系の格安SIMであれば、5以降のモデルでSIMロックを解除しなくても利用できます。また、SIMロック解除に対応している6s以降のモデルは、SIMロックを解除することで、ソフトバンク系はもちろん、ドコモ系やau系の格安SIMでも利用できます。

一方、ソフトバンクのAndroidスマートフォンは、2015年5月～2017年7月に発売された機種は、SIMロックを解除することで、ソフトバンク系の格安SIMで利用できます（Android非サポートの格安SIM事業者も有り）。2017年8月以降に発売された機種は、SIMロックを解除することで、ソフトバンク系の格安SIMで使えますが、LINEモバイル、mineo、nuroモバイルのソフトバンク回線であれば、SIMロックを解除しなくても利用することができます。SIMロックを解除したAndroidスマートフォンは、ドコモ系やau系で利用することも可能ですが、対応周波数の問題があるので、ソフトバンク系の格安SIMを利用するのがおすすめです。

SIMロックを解除するには、いろいろな条件があるので、ソフトバンクのWebサイト（https://www.softbank.jp/mobile/support/usim/unlock_procedure/）で確認してください。

なお、店頭でSIMロックを解除する場合は手数料として3,000円（税別）がかかりますが、パソコンやスマートフォンから行う場合は無料で手続きできます。SIMロック解除の詳細な方法については、Sec.34を参照してください。

 ソフトバンク解約後にSIMロックは解除できる？

すでにソフトバンクを解約済みの場合は、解約日から90日以内であればSIMロックを解除することができます。ただし、ソフトバンクショップのみでの受付となるため、手数料3,000円（税別）が必要になります。

タイプ別乗り換え

Chapter 5では、ソフトバンクからソフトバンク回線を使用するMVNOに乗り換える手順を紹介します。MVNOへの乗り換えは、電話番号を変えるかどうか、端末を変えるかどうかにより必要な手続きが異なります。以下の表を参考に、自分に必要な手順を確認し、スムーズに格安SIMを手に入れましょう。

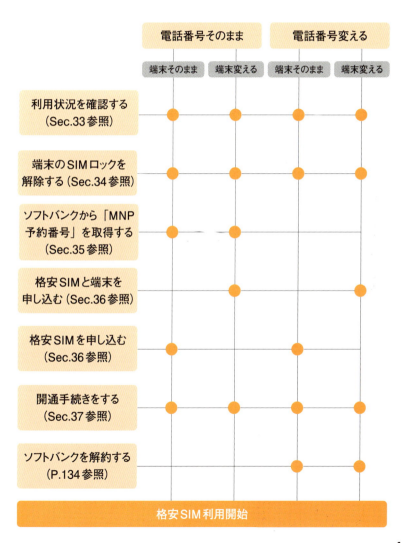

Section 33

利用状況を確認する

My SoftBankでは、データ通信量や音声通話時間、端末の契約状況といったさまざまなデータを確認することができます。現在の利用状況を把握して、格安SIMへの乗り換えをスムーズに行いましょう。

📊 データ通信量を確認する

(1) ランチャー画面で＜SoftBank＞→＜My SoftBank＞の順にタップします。

(2) ＜データ量＞をタップします。

(3) 現在の使用量と残りの使用量を確認することができます。

MEMO 「My SoftBankプラス」アプリを利用する

「My SoftBankプラス」アプリを利用しても、利用料金やデータ通信量などを確認することができます。

💴 音声通話時間を確認する

通話時間などを含む通話明細はパソコンから確認することができます（通話料明細書（月額200円）への加入が必要）。スマートフォンからでは確認ができないので注意しましょう。

① パソコンでMy SoftBank（https://www.softbank.jp/mysoftbank/）にログインし、＜料金・支払い管理＞→＜請求情報・設定＞の順にクリックします。

② 「利用明細」の＜確認する＞をクリックします。

③ 「通話料」の＜次へ＞をクリックします。本人確認のためにSMSにセキュリティ番号が送信されるので、内容を確認して番号を入力し、＜本人確認する＞をクリックすると、通話時間などの詳細を確認できます。

請求額を確認する

① ランチャー画面で＜SoftBank＞→＜My SoftBank＞の順にタップします。

② ＜○月ご請求＞をタップします。

③ その月の請求額を確認できます。＜請求情報・設定＞をタップします。

④ 過去6ヶ月分の請求情報や支払い状況、割賦契約をしている場合は月々割の内容照会などができます。

MEMO 請求締日を確認する

不適切なタイミングで格安SIMに乗り換えてしまうと、翌月の請求額がかさんだり、違約金が発生したりする場合があります。お得に乗り換えするためにも、請求締日を確認しておくようにしましょう。請求締日は、手順③の画面を上方向にスワイプし、「請求先情報」から確認することができます。

端末利用期間／契約満了月を確認する

① ランチャー画面で＜SoftBank＞→＜My SoftBank＞の順にタップします。

② ＜契約確認＞をタップします。

③ 「基本料」の「年間契約の契約期間」に表示されているのが端末の利用期間です。「更新期間」に表示されているのが契約満了月になります。

MEMO 更新期間以外の解約

更新期間以外に端末を解約すると、10,260円の解約金がかかります。端末を解約する際は、手順①～③の方法で端末の更新期間を確認し、更新期間内に行うようにしましょう。

Section **34**

SIMロックを解除する

SIMロックの解除には条件があります。ここでは、SIMロックを解除するうえで押さえておきたいポイントについて解説していきます。My SoftBankからSIMロックを解除する手順も解説します。

SIMロック解除の流れ

ドコモ、au、ソフトバンクの各キャリアには、他キャリアのSIMカードが使えないように端末に制限がかけられています。どのキャリアからも通信できるようにするためには、SIMロックを解除する必要があります。

SIMロックの解除には2通りの方法があります。1つはソフトバンクショップに来店して行う方法、もう1つはMy SoftBankから行う方法です。My SoftBankからは手数料無料で手続きできますが、店頭の場合は3,000円（税別）がかかります（下記表参照）。

SIMロック解除の際に必要な条件は各キャリアによって異なります。条件を満たしていないとSIMロックの解除ができない場合もあるので、事前に確認しておきましょう。

SIMロックの解除には、端末固有の製造番号であるIMEI番号が必要です。P.121の手順でIMEI番号を確認し、SIMロック解除を行ってください。

なお、SIMロックフリーの端末を利用していたり、今使っている端末と同じキャリア回線の格安SIMを利用したりする場合は、SIMロック解除は不要です。

	店頭	My SoftBank
手数料	3,240円（税込）	無料
条件	・2015年5月以降に販売された機種 ・分割払いの場合は購入日より101日目以降（一括払いの場合は購入日より可）	
事前に 用意するもの	・SIMロックを解除する端末 ・SIMロック解除後に使用するSIMカード	ー
受付時間	利用店舗により異なる	24時間

IMEI番号を確認する

1 ホーム画面で＜設定＞をタップします。

2 画面を上方向にスワイプし、＜システム＞をタップします。

3 ＜端末情報＞をタップします。

4 「IMEI」に記載されている番号がSIMロック解除に必要な番号です。

MEMO iPhoneでIMEI番号を確認する

iPhoneの場合は、ホーム画面で＜設定＞をタップし、＜一般＞→＜情報＞の順にタップして確認することができます。

💴 My SoftBankでSIMロックを解除する

① P.116手順①を参考に「My SoftBank」画面を表示し、画面右上の<メニュー>をタップします。

② <契約・オプション管理>をタップします。

③ 画面を上方向にスワイプし、<SIMロック解除手続き>をタップします。

④ 画面を上方向にスワイプし、「IMEI番号」にSIMロックを解除する端末のIMEI番号を入力して、<次へ>をタップします。

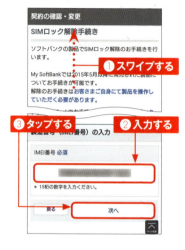

⑤ 手続き内容を確認し、<解除手続きする>をタップして、画面の指示に従ってSIMロックを解除します。

Section 35

MNPの準備をする

MNPを利用すると、現在使用している電話番号をそのまま使うことができます。MNPの利用には予約番号が必要になるので、電話または店頭で申し込みをして取得してください。

電話と店頭で申し込む

MNP予約番号の発行手続きは、ソフトバンクショップまたは電話で行うことができます。

電話で手続きする場合は、ソフトバンクの携帯電話からであれば「＊5533」に、一般電話からであれば「0800-100-5533」に電話をかけ、音声ガイダンスに従って手続きを行います（通話料は無料）。このとき、MNP予約番号と有効期限のメモが取れるよう、準備をしておきましょう。なお、受付時間は午前9時～午後8時まで（年中無休）です。

ソフトバンクショップで手続きする場合は、運転免許証やパスポートなどの本人確認書類を持参し、各店舗の営業時間内に手続きを行いましょう。また、「かんたん来店予約」（https://www.softbank.jp/shop/reserve/）を利用すれば、店頭での待ち時間を減らし、スムーズに手続きすることが可能です。

MNP予約番号の有効期限は、予約した日を含めた「15日間」です。有効期限が切れてしまうとMNP予約番号が無効になってしまうため、有効期限内にMVNOへの申し込みを行うようにしてください。なお、発行手数料として3,000円（税別）がかかります。

Section **36**

格安SIMを申し込む

MNP予約番号を取得したら、ソフトバンクプランのある格安SIMに申し込みましょう。MVNOによっては、実店舗がある場合や家電量販店で取り扱われている場合もあります。

格安SIMの申し込み方法

格安SIMの申し込みは、各MVNOのWebサイトから行うことができますが、実店舗がある場合は店頭での申し込みも可能です。なお、これまでソフトバンクを利用していた場合は、ソフトバンクプランのあるMVNOを選ぶ必要があります。このセクションでは例として、ソフトバンクプランのあるnuroモバイルを取り上げて解説しています。nuroモバイルの料金プランなどの詳細については、Sec.48を参照してください。

申し込みには、運転免許証やパスポートなどの「本人確認書類」「本人名義のクレジットカード」「MNP予約番号」などが必要です（契約タイプによって異なります）。また、今まで使用していた電話番号を引き続き利用する場合は、MNP予約番号（Sec.35参照）が必要です。nuroモバイルでは、MNP予約番号の有効期限が10日以上ある状態で申し込む必要があります。

Webから格安SIMを申し込む

ここでは例として、nuroモバイル（http://mobile.nuro.jp/）に申し込む手順を解説します。

(1) nuroモバイルにアクセスし、画面下部の＜お申し込みはこちら＞をタップします。

(2) 画面を上方向にスワイプして申し込みに必要なものを確認し、＜お申し込みへ＞をタップします。

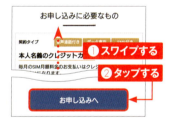

(3) 回線やプラン（SIMのみか、SIM＋端末セット）、契約タイプなどを選択し、＜オプションの選択へ＞をタップします。

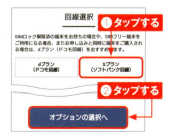

(4) オプションを追加した場合は任意のオプションをタップして選択し、＜お客さま情報の入力へ＞をタップします。

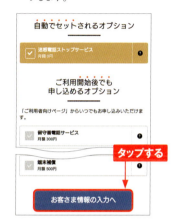

(5) 名前やメールアドレスなどの情報を入力し、本人確認書類を設定したら、＜決済方法の設定へ＞をタップし、画面の指示に従って申し込みを完了させます。

Section **37**

スマートフォンを利用できるようにする

格安SIMが届いたら、iPhoneやAndroid端末で利用できるようにしましょう。ここでは、SIMカードが到着してから開通するまでの流れと、通信設定を行う手順を解説しています。

SIMカード到着から開通手続きまで

SIMカードが手元に来たら、格安SIMが使えるように設定を行いましょう。新しい電話番号を利用する場合や、データ通信専用SIMカードの場合は、SIMカードを装着したあと、通信設定（APN設定）を行うだけで格安SIMの利用を開始することができます。一方、以前の電話番号を使用する場合は、電話番号引き継ぎのためのMNP転入手続きを行う必要があるので、MNP転入手続き、SIMカードの装着、通信設定の順に設定を行います。

通信設定とは、インターネット接続のために必要な設定のことです。通信設定は、iPhoneとAndroid端末それぞれ異なる方法で行います。iPhoneの場合は、構成プロファイルをインストールします。一方、Android端末は、端末の「設定」アプリで設定を行いますが、その際に必要な情報は各社WebサイトやP.127を参照してください。なお、iPhoneで通信設定を行うには、Wi-Fi環境が必要です。

●格安SIM開通手続きの流れ

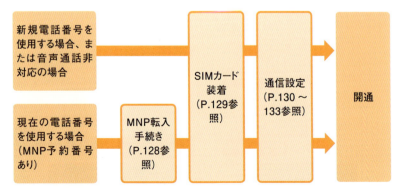

●Androidでの通信設定（APN設定）リスト

	APN	ユーザ名	パスワード	認証タイプ	備考
ワイモバイル	Y!mobile APN	y m	y m	CHAP	
nuroモバイル	so-net.jp	nuro	nuro	CHAP	
mineo	mineo-d.jp	mineo@k-opti.com	mineo	CHAP	
LINEモバイル	line.me	line@line	line	PAPまたはCHAP	

 キャリアメールは使えない

ソフトバンクを解約すると、「～@softbank.ne.jp」や「～@i.softbank.jp」のようなソフトバンクのメールアドレスは使えなくなってしまいます。格安SIMに乗り換える際は、GmailやYahoo!などのフリーメールアドレスを事前に取得しておくとよいでしょう。なお、フリーメールアドレスは迷惑メールとして扱われて届かない場合があるので、相手に受信許可をしてもらうようにしてください。ただし、ソフトバンク回線を維持したうえで、「S!メール（MMS）どこでもアクセス」（月額300円）に加入すれば、格安SIMでもソフトバンクのメールを利用できます。

開通手続きをする

●MNP転入手続きを行う

現在の電話番号を利用する場合のみ、MNP転入手続きを行います（MVNOに申し込んだ際、MNP転入手続き済みSIMカードを選択した場合はMNP転入手続きが不要）。MNP転入手続きには、「MNP予約番号（Sec.35参照）」「現在の電話番号」「SIMカードの識別番号（ICCID）の下4桁（SIMカード台紙に記載）」を用意しましょう。MNP転入手続きの方法は、「電話」「店頭」「Webサイト」など、MVNOによって異なります。

電話でMNP転入手続きを行う場合、現在の電話番号から各社開通センターに電話をかけます。電話でのMNP手続きは、切り替え電話番号が使えない時間がほとんどない方法です。ただし、手続きはMVNO各社開通センターの営業時間内に行う必要があります。

店頭でのMNP転入手続きは、必要なものを用意したうえで、各MVNOの実店舗を訪れて手続きを行います。この場合、電話番号が使えない時間がありません。

Webサイトでの MNP転入手続きは、手続き可能な時間内に各社Webサイトのマイページ上で行います。ただし、手続き中の数日間は電話番号が使えないので、注意が必要です。

	手続き方法	備考
ワイモバイル	Webサイト	「ワイモバイルオンラインストア」（https://ymobile-store.yahoo.co.jp/）
QTモバイル	Webサイト	「BBIQ会員専用ページ」（https://support.bbiq.jp/）、9時～19時
nuroモバイル	Webサイト	「ご利用者向けページ　開通予約ページ」（http://mobile.nuro.jp/）（nuroモバイルに申し込んだ際、「切り替えタイミング」で「MNP済みのSIMを受け取る」を選択した場合、手続き不要）
mineo	Webサイト	「mineoマイページ」（https://mineo.jp/）、9時～21時
U-mobile	Webサイト	「届出方式　開通依頼お手続き（https://vc.umobile.jp/apply/gray/top）（U-mobile Superは自動形式（MNP転入済SIMの発行）のみ対応のため、手続き不要）
LINEモバイル	電話、Webサイト	「利用開始手続き窓口」（0120-889-279）、10時～19時 「マイページ　利用開始手続きをする」（https://mobile.line.me/）

●SIMを装着する

1. スマートフォンの電源を切り、側面のSIM挿入口からトレイを引き出し、古いSIMカードを取り出します。

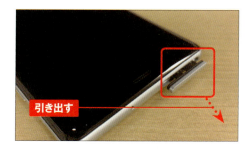

2. 端子部分に手が触れないように、台紙からSIMカードを切り取ります。すべてのサイズに対応する「マルチSIM」の場合、利用するスマートフォンのサイズに合わせて切り取りましょう。

3. SIMカードをトレイに乗せ、SIM挿入口に差し込みます。スマートフォンの電源を入れます。

MEMO iPhoneの場合

iPhoneのSIMカードを入れ替える場合、トレイの下の穴にSIM取り出しツール（iPhoneパッケージに同梱。ペーパークリップなども可）を差し込むと、トレイが飛び出します。飛び出したトレイを引き出し、SIMカードを替えたら、トレイをもとに戻します。

🌱 iPhoneで通信設定をする

iPhoneでは、プロファイルをダウンロードすることで通信設定が完了し、格安SIMを利用できるようになります。なお、MVNOによってはすでに通信設定がされていることがあり、その場合はプロファイルのダウンロードは不要です。

① Wi-Fiに接続し、通信可能な状態にします。

② ホーム画面で🧭をタップします。

③ 入力欄をタップして「http://www.so-net.ne.jp/retail/i/」(利用するMVNOのプロファイルダウンロードページ。ここではnuroモバイル)と入力し、＜開く＞（または＜Go＞）をタップします。

④ ＜許可＞をタップします。

(5) <インストール>をタップします。

(6) <次へ>をタップします。

(7) <インストール>をタップします。

(8) <インストール>をタップします。

(9) プロファイルがインストールされます。<完了>をタップします。

💴 Android端末で通信設定をする

Android端末では、「設定」アプリから通信設定を行います。なお、端末により手順や表記などが異なります。

① ホーム画面で＜設定＞をタップします。

② ＜ネットワークとインターネット＞をタップします。

③ ＜モバイルネットワーク＞をタップします。

④ ＜詳細設定＞をタップします。

⑤ ＜アクセスポイント名＞をタップします。

⑥ ＋（またはメニュー内の＜新しいAPN＞）をタップします。

⑦ ＜名前＞＜APN＞＜ユーザー名＞＜パスワード＞をそれぞれタップして入力します。

⑧ 画面を上方向にスワイプし、＜認証タイプ＞をタップします。

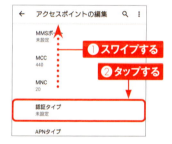

⑨ ＜PAPまたはCHAP＞をタップします。

⑩ 画面右上の︙をタップします。

⑪ ＜保存＞をタップします。

⑫ 設定したAPN（ここでは＜so-net＞）の○をタップして選択します。

ソフトバンクを解約するには

MNP転入を行っていない場合は、Sec.33～37の手続きを行って格安SIMを開通させたあと、ソフトバンクの解約手続きを行う必要があります。なお、MNP転入（P.123参照）をした場合は、MNP転入手続きを行った時点でソフトバンクとの契約が自動的に解除されるため、ソフトバンクの解約手続きをする必要はありません。

ソフトバンクを解約するには、契約者本人が直接ソフトバンクショップに行き、解約手続きを行う必要があります。Web上や電話からは解約することができないので注意しましょう。ただし、MNPを予定している場合は、ソフトバンクショップに行かなくても手続きが可能です（Sec.35参照）。

解約時には、解約する機種の本体、USIMカード、運転免許証やパスポートなどの本人確認ができる書類の原本が必要です。なお、解約の際は契約者本人が行うことが望ましいですが、どうしても困難な場合は、代理人でも解約手続きが可能です（個人契約の場合）。代理人が手続きを行う場合は、契約者本人による委任状、代理人の本人確認書類、代理人と契約者が家族であることを証明する家族確認書類が必要になります。解約に必要な書類については、ソフトバンクの公式ホームページ（https://www.softbank.jp/shop/buy/id/）を参考にしてください。

また、解約時には契約月の確認をしておきましょう。ソフトバンクでは、ドコモ、auと同様に2年間の契約縛りがあるため、更新月以外に契約を解除すると、契約解除料として9,500円（税別）がかかります。2年契約以外の場合の契約解除料は、ソフトバンクの公式ホームページ「https://www.softbank.jp/support/faq/view/10617」を確認してください。また、割賦契約をしている場合は、機種の分割支払いの残額も含まれます。そのため、解約前にMy SoftBankにログインし、解約時にかかる費用を確認して、ベストなタイミングで乗り換えを行うとよいでしょう。

●解約に必要なものリスト

・解約する機種の本体
・USIMカード
・本人確認のできる書類（原本）

格安SIM会社
徹底比較

Chapter
6

MVNOにはさまざまな種類がありますが、このChapterでは主要な格安SIM会社を紹介しています。対応回線、料金プラン、通話料金などは格安SIM会社によって異なるため、格安SIMへの乗り換えを検討している人は、自分のスタイルに合ったMVNOを選ぶようにしましょう。

Section 38	ワイモバイル
Section 39	UQモバイル
Section 40	IIJmio
Section 41	イオンモバイル
Section 42	エキサイトモバイル
Section 43	OCNモバイルONE
Section 44	QTモバイル
Section 45	DMMモバイル
Section 46	DTI SIM
Section 47	BIGLOBEモバイル
Section 48	nuroモバイル
Section 49	mineo
Section 50	U-mobile
Section 51	LINEモバイル
Section 52	楽天モバイル
Section 53	LIBMO

Section 38

ワイモバイル

| URL | https://www.ymobile.jp |

対応回線 SoftBank

店舗あり

ソフトバンク回線をそのまま利用

ソフトバンクが展開しているため、ソフトバンクのスマートフォンやiPhoneを使っている場合はSIMロックを解除すればそのまま使用できます。
ワイモバイルを契約すると、月額462円（税別）のYahoo!プレミアム会員が無料になるだけでなく、Yahoo!ショッピングやLOHACOで使えるポイントがいつでも5倍貯まるため、お得に買い物を楽しむことができます。さらに、Tポイントがどんどん貯まっていくYahoo!JAPANカードなど、Yahoo!サービスとの連携も充実しています。
なお、2019年4月以降は、enjoyパックの利用者は期間特定TポイントがPayPayに変更になります。

通信速度が速く快適な利用が可能

ワイモバイルはソフトバンクが運営しています。ソフトバンク回線と自社回線を利用しており、MVNOではありません。そのため、通信速度が速く、混雑しやすい場所や時間帯であっても安定して利用することができます。通信速度を重視して選ぶのであれば、おすすめといえるでしょう。

料金体系はシンプルで、データ通信量に応じてS・M・Lの3種類から選べます。また、テザリング機能を、申し込み不要で無料で利用できるのも魅力です。

端末のラインナップとしては、2018年12月にiPhone 7を発売しました。iPhoneで初めての防水・防塵仕様で、Felicaにも対応しているため、使い勝手のよさも格段に上がっています。新規・乗り換えであれば、条件はありますが、32GBモデルを機種代金最低1,404円／月から購入することができます。

テレビCMでおなじみの「ワイモバ学割」は、5〜18歳の利用者を対象にしたキャンペーンで、スマホプランMとLの基本使用料が加入月から最大13か月間割引になるサービスです。この期間に家族も同じサービスに加入すれば、最大13か月間、家族も1,000円割引になります（受付期間は2019年5月31日まで）。

●主な料金プラン

	スマホプランS	スマホプランM	スマホプランL
ワンキュッパ割※	月額1,980円	月額2,980円	月額4,980円
おうち割光セット（A）※	月額1,480円	月額2,280円	月額3,980円
データ容量※※	3GB／月	9GB／月	21GB／月

※1年間
※※2年間

通話料金の目安　通常　0円／10分
10分を超えると、20円／30秒

▶端末セットプランで利用可能な主な端末

iPhone 7 ／ iPhone 6s ／ iPhone SE ／ Android One S5 ／ Android One X5 ／かんたんスマホ 705KC ／ HUAWEI P20など

Section 39

UQモバイル
ユーキュー

URL https://www.uqwimax.jp
対応回線 au

顧客満足度No.1

auの4G LTEに対応しているため、全国エリアでつながりやすく、通信速度は4期連続第1位になりました。通信速度の調査結果ではライバルたちを押さえ、30.3Mbpsという数字で実行速度第1位を獲得しました。さらに、月額108円から購入できるスマートフォンがあるなどの理由から、「2018年格安スマートフォンサービス顧客満足度No.1」にも輝いています（出典：J.D.Power Japan「2018年格安スマートフォンサービス／格安SIMカードサービス顧客満足度調査」（https://japan.jdpower.com/ja/press-releases/2018_Japan_LPSS_Satisfaction_index_Study））。

テレビCMでおなじみの「UQ家族割」は、2台目以降が本体代込みで1,480円とリーズナブルな価格設定になっています。また、新中高生であれば基本料が最大5ヶ月間0円になる「ファミゼロ学割」や、18歳未満の学生とその家族が最大3ヶ月間基本料が0円になるプランも展開中です。

節約モードでデータ消費ゼロ

UQモバイルには、「節約モード」と「高速モード」を切り替えて利用できる「ターボ機能」が搭載されています。専用アプリで節約モードに切り替えれば、TwitterやFacebookなどのSNSやインターネット検索、音楽ストリーミングなどをどれだけ使ってもデータ消費がゼロになります。データ消費を気にせずに使えるため、ストレスを感じることなくインターネット生活を楽しめるでしょう。さらに、余ったデータは翌月にくり越されるため、無駄なく利用することができます。
データ容量を抑えたいときは節約モードに、動画やビデオ通話など、高速通信で快適に利用したい場合は高速モードといったように、用途に合わせた利用ができるのは大きな特徴といえるでしょう。

●主な料金プラン

	スマホプランS	スマホプランM	スマホプランL
月額基本料	1,980円 （UQ家族割適用で 1,480円）	2,980円 （UQ家族割適用で 2,480円）	4,980円 （UQ家族割適用で 4,480円）
データ容量	最大3GB／月	最大9GB／月	最大21GB／月
通話 （おしゃべりプラン）	国内通話が1回5分 以内の何度でも かけ放題	国内通話が1回5分 以内の何度でも かけ放題	国内通話が1回5分 以内の何度でも かけ放題
通話 （ぴったりプラン）※	最大60分／月	最大120分／月	最大180分／月

※増量オプション月額500円適用

通話料金の目安　通常　20円／30秒
1回5分以内であれば何度でもかけ放題

▶端末セットプランで利用可能な主な端末

iPhone 7 ／ iPhone 6s ／ R17 Neo ／ AQUOS sense2 ／ AQUOS sense ／ HUAWEI P20 lite ／ arrows M04 Premium ／ DIGNO Phoneなど

Section 40

アイアイジェイミオ
IIJmio

| URL | https://www.iijmio.jp/ |

対応回線

店舗あり

💴 みおふぉんダイヤルは50%オフ

ドコモとauの両方の回線に対応しているため利用できる機種が多いことが特徴で、格安SIM業界では常に上位に位置する人気のMVNOです。

音声通話付きSIM「みおふぉん」を展開しており、みおふぉんダイヤルを利用すれば、初期費用と月額基本料0円で通話料が50%オフになるため、通話料を節約することができます。電話番号はそのままで誰にでもかけられる点も安心です。
また、海外への通話は専用のアプリで国番号と相手の電話番号を入力するだけでつながり、32か国一律10円/30秒で通話できます。

家族でおトクに使える

家族で利用可能な「ファミリーシェアプラン」が提供されています。12GBまで利用できるため、家族と分け合って利用すれば、一人一人が個別に契約するよりもコストを抑えて利用することができます。
また、1つのプランで複数のSIMカードを発行できるため、プライベート用やビジネス用、子ども用に分けて利用したい場合や、スマートフォンとタブレットなどのように、複数の端末を持ち歩きたい場合でも便利に使えます。
ただし、毎月のデータ容量は12GBまでの制限があります。複数のSIMを使い分けて利用する場合は、使い過ぎに注意しましょう。

●主な料金プラン

	ミニマムスタートプラン	ライトスタートプラン	ファミリーシェアプラン
データ容量	3GB	6GB	12GB
SIM枚数※	2枚	2枚	10枚
データ通信専用SIM（タイプD）	900円	1,520円	2,560円
SNS機能付きSIM（タイプD・A）	タイプD：1,040円 タイプA：900円	タイプD：1,660円 タイプA：1,520円	タイプD：2,700円 タイプA：2,560円
音声機能付きSIM（タイプD・A共通）	1,600円	2,200円	3,260円

※もともと契約している1枚を含む

通話料金の目安　通常　0円／3分（国内通話）
　　　　　　　　　30分かけ放題　830円／月

▶端末セットプランで利用可能な主な端末

AQUOS sense2 SH-M08 ／ AQUOS sense plus SH-M07 ／ ZenFone Live ／ AX7 ／ R17 Pro ／ HUAWEI Mate 20 Pro ／ ROG Phone ／ Find X ／ Moto Z3 Playなど

Section 41

イオンモバイル

URL https://aeonmobile.jp/
対応回線 docomo au

店舗あり

契約プランが充実

格安SIM業界の中でも手ごろな価格で提供されており、500MBから50GBまでと豊富なプランが用意されています。ショッピングモールなどに実店舗を持っていることから、身近でサポートを受けられる点が大きな特徴です。
4GBという小容量からデータ容量がシェアできるため、デバイスを複数持っている人や家族で使いたいという場合におすすめのMVNOといえるでしょう。

●主な料金プラン（音声プランの場合）

プラン名	月額基本料	プラン名	月額基本料
音声500MBプラン	1,130円	音声20GBプラン	4,680円
音声4GBプラン	1,580円	音声30GBプラン	6,080円
音声8GBプラン	2,680円	音声40GBプラン	7,980円
音声12GBプラン	3,200円	音声50GBプラン	10,800円

通話料金の目安　通常　20円／30秒
　　　　　　　　　イオン電話　10分かけ放題　850円／月

▶端末セットプランで利用可能な主な端末

ZTE BLADE E02 ／ AQUOS sense2 SH-08 ／ HUAWEI Mate 20 Pro ／ HUAWEI nova 3 ／ AQUOS sense plus SH-M07 ／ ZenFone 5Q ／ AQUOS SH-M04など

Section 42

エキサイトモバイル

URL https://bb.excite.co.jp/exmb/sim/
対応回線 **docomo**　店舗なし

💴 用途に合わせてプランを選べる

使用量に応じて料金が決まる「最適料金プラン」と、データ量をあらかじめ決めて使う「定額プラン」があるため、自分に合ったプランを選ぶことができます。月々のデータ量を気にせずに使いたい場合は、定額プランがおすすめです。
また、1契約で最大5枚のSIMカードが利用できます。家族で使いたい場合は、最適料金プランにすると安く使うことができます。

●主な料金プラン（定額プランの場合）

データ容量	1枚コース	3枚コース
3GB	900円	1,680円
4GB	1,170円	1,980円
20GB	3,980円	4,480円
50GB	10,180円	10,680円

通話料金の目安　通常　20円／30秒

▶端末セットプランで利用可能な主な端末

HUAWEI Mate 20 Pro ／ ROG Phone ／ HUAWEI nove 3 ／ ZenFone Max ／ ZenFone 5Z ／ HUAWEI P20 ／ AQUOS sense plus ／ Priori 5など

Section 43

OCNモバイルONE
オーシーエヌ　　　　　　　　　　ワン

| URL | https://www.ntt.com/personal/services/mobile/one/ |

対応回線 docomo

店舗あり

💴 1日単位のコースがある

月単位のコースから日単位のコースまで多彩なコースが提供されています。日単位であれば1日単位で速度制限が解除されるため、安心して利用できます。「10分かけ放題」「トップ3かけ放題」「かけ放題ダブル」の3種類のかけ放題が用意されているため、電話を多く使う場合でも安心です。また、無料で使えるWi-Fiアクセスポイントが全国に約86,000箇所あるため、通信容量を抑えることができます

●主な料金プラン（音声対応SIMの場合）

コース	月額基本料	コース	月額基本料
110MB／日	1,728円	10GB／日	3,240円
170MB／日	2,246円	20GB／月	5,238円
3GB／月	1,944円	30GB／月	7,290円
6GB／月	2,322円	500kbps（15GB／月）	2,700円

| 通話料金の目安 | 通常　20円／30秒
OCNでんわ　10分かけ放題　850円／月 |

▶端末セットプランで利用可能な主な端末

AQUOS sense2 SH-M08 ／ HUAWEI Mate 20 ／ HUAWEI P20 lite ／ HUAWEI nova 3 ／ ZenFone Live ／ AQUOS sense SH-M05 ／ AQOUS sense lite SH-M05 ／ FLEAZ BEATなど

Section 44

QTモバイル
（キューティー）

URL https://www.qtmobile.jp/

対応回線 **docomo** **au** **SoftBank**

店舗あり

全キャリアに対応

九州電力グループが運営するMVNOです（実店舗は九州のみ）。ドコモ、au、ソフトバンクと大手3キャリアの回線を提供しています（ソフトバンク回線はiPhone、iPadのみの対応）。データ容量は1～30GBまでの6種類から選ぶことができるほか、月額2,500円で国内通話を無制限に利用できる「無制限かけ放題」も提供されています。iPhoneとAndroidの両方の端末を販売している点もうれしいところです。

●主な料金プラン（Dタイプ・Aタイプのデータ＋通話コースの場合）

データ容量	利用開始月～12ヶ月目まで
3GB	990円／月、13ヶ月目以降は1,550円／月
6GB	990円／月、13ヶ月目以降は2,250円／月
10GB	2,690円／月、13ヶ月目以降は3,250円／月
30GB	6,690円／月、13ヶ月目以降は6,900円／月

通話料金の目安	通常　20円／30秒 QTモバイル電話　10分かけ放題　850円／月 QTモバイル電話　無制限かけ放題　2,500円／月

▶端末セットプランで利用可能な主な端末

iPhone 8（64GB）／ ZenFone Live ／ HUAWEI nova 3 ／ AQUOS sense plus SH-M07 ／ HUAWEI P20 lite ／ ZenFone 5 ／ HUAWEI P20など

Section 45
DMMモバイル
ディーエムエム

URL	https://mvno.dmm.com/

対応回線　docomo

店舗なし

💴 低速通信でも安心

高速データ通信を使い切ってしまったときやオフに設定している場合でも、最初の数秒間だけ高速通信で読み込みが可能な「バースト機能」が売りの1つです。料金プランが豊富なほか、ドコモ回線を利用しているため、全国のドコモサービスエリアで利用できるのも安心です。

また、請求は一括になりますが、家族だけでなく友人などと通信容量を分け合えるシェアコースが用意されているのも魅力です。

●主な料金プラン（シングルコース、通話対応SIMの場合）

データ容量	月額基本料	データ容量	月額基本料
ライト	1,140円	8GB	2,680円
3GB	1,500円	10GB	2,890円
5GB	1,910円	15GB	3,980円
7GB	2,560円	20GB	4,680円

通話料金の目安	通常　20円／30秒 10分かけ放題（プレフィックス）　850円／月

▶端末セットプランで利用可能な主な端末

AQUOS sense2 SH-M08 ／ ZenFone Live ／ OPPO AX7 ／ OPPO R17 PRO ／ HUAWEI Mate 20 Pro ／ HUAWEI note 3 ／ Moto G6 Plusなど

Section 46

DTI SIM
ディーティーアイ　シム

URL　https://dream.jp/mb/sim/
対応回線　docomo

店舗なし

💴 YouTubeやTwitterが見放題プランもあり

モバイル通信の黎明期にいち早くSIMカードを提供してきたDTIから誕生した格安SIMサービスです。データ容量から選べる通常プランのほか、YouTubeやTwitterが通信量にカウントされないお得なプランも提供されています。さらに、初めてDTI SIMを利用する人向けに半年間のお試しプランが用意されています。データ半年お試しプランでは、半年間、3GBが実質0円（7ヶ月目以降は840円）で利用できるため、SIMカード初心者にはおすすめのMVNOといえるでしょう。

●主な料金プラン（音声プランの場合）

データ容量	月額基本料	データ容量	月額基本料
1GB	1,200円	10GB	2,800円
3GB	1,490円	ネット使い放題	2,900円
5GB	1,920円		

通話料金の目安　通常　20円／30秒
　　　　　　　　　　おとくコール10（プレフィックス）　820円／月

▶端末セットプランで利用可能な主な端末

ZenFone Live ／ HUAWEI nova 3 ／ AQUOS sense plus SH-M07 ／ HUAWEI P20 lite ／ ZenFone 5 ／ HUAWEI P20 ／ iPhone SE（16GB）／ AQUOS sense lite SH-M05など

Section 47
BIGLOBEモバイル

| URL | https://join.biglobe.ne.jp/mobile/ |

対応回線 docomo au

店舗なし

💴 動画や音楽を快適に利用できる

YouTubeやApple Music、AbemaTVなど、対象サービスの動画や音楽を無制限で利用できる「エンタメフリー・オプション」が人気です。音声通話SIMの場合は月額480円(税別)かかりますが、月々のデータ容量の残量を気にせず使えるのは安心です。また、最低利用期間は12ヶ月のため、期間内に解約した場合は解約料として8,000円(税別)がかかりますが、以降は気軽に乗り換えることができます。格安SIMを試しに使ってみたいという人には向いているMVNOかもしれません。

●主な料金プラン(セレクトプランの場合)

データ容量	月額基本料	データ容量	月額基本料
1GB	1,400円	12GB	3,400円
3GB	1,600円	20GB	5,200円
6GB	2,150円	30GB	7,450円

通話料金の目安
通常 20円/30秒
BIGLOBEでんわ 10分かけ放題 830円/月

▶端末セットプランで利用可能な主な端末

ZenFone Max / HUAWEI nova 3 / HUAWEI P20 lite / AQUOS sense2 SH-M08 / AQUOS sense plus SH-M07 / HUAWEI P20 / Moto G6 plus / Moto E5 / ZenFone 5など

Section 48

nuroモバイル
ニューロ

URL http://mobile.nuro.jp/
対応回線 docomo SoftBank
店舗あり

データ容量を翌月分から前借りできる

ドコモとソフトバンクの回線に対応していますが、SIMロック解除済み端末またはSIMロックフリー端末を利用する場合は、ドコモ回線が断然お得です。
業界初となる「データ前借り」機能を提供しており、データ容量が足りなくなった際に、翌月分から最大2GBのデータ容量を前借りすることができます。
さらに、人気モデルのXperiaシリーズのSIMフリー版を購入できる点も注目したいところです。

●主な料金プラン（音声通話付きの場合）

ドコモ回線		ソフトバンク回線	
プラン名・データ容量	月額基本料	プラン名・データ容量	月額基本料
お試しプラン (0.2GB)	1,000円	お試しプラン (0.2GB)	1,200円
Sプラン (2GB)	1,400円	Sプラン (2GB)	1,680円
Mプラン (7GB)	2,200円	Mプラン (7GB)	3,000円
Lプラン (13GB)	3,400円	Lプラン (13GB)	3,680円

通話料金の目安　通常　20円／30秒
nuroモバイルでんわ　10分かけ放題　800円／月

▶端末セットプランで利用可能な主な端末

Xperia XZ Premium ／ ZenFone 5 ／ ZenFone 5Q ／ AQUOS sense plus ／ Moto E5 ／ Moto G6 ／ Moto G6 Plusなど

Section 49

マイネオ
mineo

URL https://mineo.jp/

対応回線 docomo au SoftBank

店舗あり

独自サービスを展開

3キャリアの回線に対応しているため、どのキャリアからでも乗り換えしやすい点がポイントです。mineoアプリを利用すれば、月々の料金を確認できるだけでなく、mineoユーザーどうしでパケットをシェアしたり、ギフトとして贈ったりすることができるようになります。データの通信速度を切り替えることでデータ容量を節約する「mineoスイッチ」も利用できます。独自のサービスも提供しているため、サービス内容でmineoを選んでみるのもよいかもしれません。

●主な料金プラン（Aプラン、デュアルタイプの場合）

データ容量	月額基本料	データ容量	月額基本料
500MB	1,310円	10GB	3,130円
3GB	1,510円	20GB	4,590円
6GB	2,190円	30GB	6,510円

通話料金の目安　通常　20円／30秒
mineoでんわ　10分かけ放題　850円／月

▶端末セットプランで利用可能な主な端末

iPhone 8 Plus ／ iPhone 8 ／ ZenFone Live ／ ZenFone Max ／ ZenFone 5 ／ HUAWEI nova 3 ／ HUAWEI P20 liteなど

Section 50
U-mobile
ユーモバイル

URL https://umobile.jp/
対応回線 docomo SoftBank

店舗あり

QRコード

💴 速度制限なしで25GB使える

使う用途に合わせてデータ容量を選べるプランをはじめ、大容量の「U-mobile MAX」、通信容量に制限がない「LTE使い放題」、ソフトバンク回線を使った「U-mobile S」など、さまざまなバリエーションのプランが用意されています。U-mobile Sでは、業界初となるソフトバンクのiPhoneとiPadに対応しました（Androidは非対応）。SIMロック解除に対応していないiPhone 6s以前の端末でも格安SIMが利用できます。通話プラスプランであれば、U-NEXTで使えるポイントが貯まり、最新の映画や雑誌などを楽しめます。

●主な料金プラン

	プラン名	データ容量	月額基本料
U-mobile通話プラス	ダブルフィックス	〜3GB	1GB以下1,480円 1GB超過1,780円
	3GB	3GB	1,580円
	5GB	5GB	1,980円
U-mobile MAX 25GB	通話プラス	25GB	2,880円

通話料金の目安　通常　20円／30秒

▶端末セットプランで利用可能な主な端末

EveryPhoneシリーズ

Section 51

LINEモバイル
ライン

| URL | https://mobile.line.me/ |

対応回線 docomo SoftBank

店舗あり

💴 SNSや音楽サービスに特化したMVNO

コースによって、LINEを始めとする主要SNSとLINE MUSICは、データ通信量がカウントされないため、データ容量を使い切ってしまっても高速通信のまま使うことができます。データ通信量が余ったときは、LINEアプリに登録されている家族や友だちとシェアすることができるため、無駄にすることなく使い切ることができます。また、MVNOでは唯一、LINEの年齢確認に対応しています。

●主な料金プラン（音声通話SIMの場合）

	データ容量	月額基本料
LINEフリープラン	1GB	1,200円
コミュニケーションフリープラン	3GB	1,690円
	5GB	2,220円
	7GB	2,880円
	10GB	3,220円

| 通話料金の目安 | 通常　20円／30秒
いつでも通話　10分かけ放題　880円／月 |

▶端末セットプランで利用可能な主な端末

iPhone SE ／ ZenFone Live ／ HUAWEI P20 lite ／ Mote E5 ／ ZenFone 5 ／ ZenFone 5Q ／ HUAWEI nova lite 2 ／ arrows M04など

Section 52

楽天モバイル

URL https://mobile.rakuten.co.jp/
対応回線 docomo au SoftBank
店舗あり

格安スマホ契約数NO.1

プランは「スーパーホーダイ」(ドコモのみ)と「組み合わせプラン」の2種類ですが、各プランでさらに容量に合わせて4タイプから選ぶことができるため、自分に合ったものを選びやすいでしょう。
また、通話付きのSIMを契約すると、楽天スーパーポイントがいつでも2倍になります。貯まったポイントは端末の購入や月々の支払いに充てることができるため、お得に利用できます。

●主な料金プラン(スーパーホーダイの場合)

プラン名	月額基本料
プランS(2GB)	2,980円(楽天会員+長期割で1,480円)
プランM(6GB)	3,980円(楽天会員+長期割で2,480円)
プランL(14GB)	5,980円(楽天会員+長期割で4,480円)
プランLL(24GB)	6,980円(楽天会員+長期割で5,480円)

通話料金の目安	通常 20円/30秒 楽天でんわ 10分かけ放題 850円/月

▶端末セットプランで利用可能な主な端末

iPhone SE / AQUOS sense2 SH-M08 / R17 Pro / AX7 / LG Q Stylus / Find X / AQUOS sense plus SH-M07 / AQUOS R compact SH-M06など

Section 53

LIBMO
リブモ

| URL | https://www.libmo.jp/ |
対応回線 docomo

店舗なし

💰 セキュリティ対策が充実

ウイルスを検知してブロックする機能だけでなく、紛失や盗難にあった際に、端末の位置情報を瞬時に把握できる機能などを備えた「TOKAI SAFE」が、月額400円（税別）のところ、新規の申し込みで最大3ヶ月間無料になります。最大6デバイスまで追加できるため、家族にも安心して利用してもらうことができます。また、人気雑誌が800誌以上読める「タブホ」（月額500円）や、留守番電話が音声と文字で届くスマート留守電（月額290円）など、うれしいサービスも満載です。

● 主な料金プラン

データ容量	月額基本料	データ容量	月額基本料
ライト	1,180円	10GB	2,980円
3GB	1,580円	20GB	4,680円
6GB	2,180円	30GB	6,580円

通話料金の目安	通常　20円／30秒 10分かけ放題（プレフィックス）　850円／月

▶ 端末セットプランで利用可能な主な端末

ZenFone 5 ／ ZenFone 5Q ／ HUAWEI P20 lite ／ Priori 5 ／ AQUOS sense lite SH-M05 ／ HUAWEI nova lite 2 ／ ZenFone 4 Maxなど

格安SIMに最適の最新スマートフォン

付録

ここでは、格安SIMに最適な最新のSIMロックフリーのスマートフォンを紹介していきます。スマートフォンによって特徴や対応回線が異なるので、各種スマートフォンを比較して、自分に合ったスマートフォンを選びましょう。なお、価格はWebサイトによって異なります。

HUAWEI P20 lite

価格：23,066円〜（価格.com、2018年12月現在）

● さまざまな照明状況で撮影が可能

薄暗い場所など、さまざまな照明条件下で最適な撮影が可能になりました。さらに、ダブルレンズを搭載していることから、まるで一眼レフであるかのようなぼかしのある仕上がりで撮影ができます。
顔認証機能を採用しているほか、急速充電への対応やスマートフォンのバッテリーを長持ちさせる機能の採用など、ユーザーが快適に利用できるような仕様になっています。

対応回線	Felicaの有無
ドコモ、au、ソフトバンク	×

SHARP AQUOS R compact SH-M06

価格：57,000円〜（価格.com、2018年12月現在）

● AQUOSの技術を継承した機能を搭載

倍速液晶によって、動きの激しい動画や画面スクロール時でも文字を見やすくし、快適な利用を実現しました。
就寝前に目に優しい画質へ移行したり、周囲からののぞき見をブロックしたりする機能も搭載しています。

対応回線	Felicaの有無
ドコモ、au、ソフトバンク	○

SHARP AQUOS sense plus SH-M07

価格：39,595円〜（価格.com、2018年12月現在）

● ストレスなく動画が楽しめる

Wi-Fiは電波干渉が起きにくい5GHzに対応しているため、オンラインゲームやストリーミング動画などをストレスフリーで楽しめます。高精度の準天頂衛星「みちびき」にも対応しているため、高い建物が周りを囲んでいても、正確な位置を測定してくれます。

対応回線	Felicaの有無
ドコモ、au、ソフトバンク	○

ASUS ZenFone 5Z (ZS620KL)

価格：61,024円～（価格.com、2018年12月現在）

●AI機能を搭載

周囲の環境に応じて着信音を自動調節してくれる「AI着信音」、充電速度を自動的に調節することでバッテリーの劣化を防ぐ「AI充電」、好みの写真を撮影してくれる「AIデュアルカメラシステム」など、AI機能が搭載された画期的なスマートフォンです。

対応回線	Felicaの有無
ドコモ、au、ソフトバンク	×

FUJITSU arrows M04

価格：29,800円～（価格.com、2018年12月現在）

●ハンドソープで洗うことができる！

落下しても画面が割れにくく、キズに強い堅牢設計になっているほか、泡タイプのハンドソープで汚れを洗い落とすことができるため、多様なシーンで安心して利用できます。
シャッターを押すと同時にシャッターが切れる「ゼロシャッターラグ」の搭載によって、瞬間的な表情も逃さず撮影することが可能です。

対応回線	Felicaの有無
ドコモ、au、ソフトバンク	○

MOTOROLA Moto Z3 Play

価格：53,800円～（価格.com、2018年12月現在）

●デュアルSIMデュアルスタンバイで使い分け可能

スマートフォンを映画鑑賞用のプロジェクターにする「Moto Mods」（別売）や10倍の光学ズームでの写真撮影、AI画像認識、Googleレンズに対応しています。
さらに、DSDS対応で、2枚のSIMと同時にmicroSDも利用できることも魅力です。

対応回線	Felicaの有無
ドコモ、au、ソフトバンク	×

索引

数字・アルファベット

3G ……………………………………… 32
4G ……………………………………… 32
4G LTE ………………………………… 32
AIS ……………………………………… 53
Androidスマートフォンのデータを移行 ……… 64
Androidで通信設定 ………… 88, 110, 132
APN設定 ………………… 82, 104, 126
au ICカード …………………………… 25
auから乗り換える …………………… 92
auを解約 ……………………………… 112
BIGLOBEモバイル …………………… 148
CDMA 1X WIN ……………………… 32
CDMA2000 …………………………… 34
CSL ……………………………………… 55
DMMモバイル ………………………… 146
DSDA …………………………………… 29
DSDS …………………………………… 29
DSDV …………………………………… 29
DSSS …………………………………… 29
DTI SIM ……………………………… 147
eSIM …………………………………… 26
FDD-LTE ……………………………… 34
FOMA …………………………………… 32
Googleアカウント …………………… 64
Googleバックアップ ………………… 66
GTA ……………………………………… 54
iCloud ………………………………… 59
iConnect ……………………………… 54
IIJmio …………………………………… 140
IMEI番号を確認 ………………… 99, 121
iPhone ………………………………… 51
iPhoneで通信設定 ………… 86, 108, 130
iPhoneのデータを移行 ……………… 58
IT&E …………………………………… 54
iTunes ………………………………… 62
KT M mobile ………………………… 55
LIBMO ………………………………… 154
LINEモバイル ………………………… 152
LINEを引き継ぐ ……………………… 68
LTE ……………………………………… 32
microSIM ……………………………… 16
mineo ………………………………… 150
MNO …………………………………… 10
MNP …………………………………… 14
MNP転入手続き ………… 84, 106, 128
MNPの準備 ……………… 78, 101, 123
MNP予約番号 ………………………… 15
most sim ……………………………… 54
MVNO ………………………………… 10
nanoSIM ……………………………… 16
nuroモバイル ………………………… 149
OCNモバイルONE …………………… 144
Orange ………………………………… 54
QTモバイル …………………………… 145
RBB SPEED TEST …………………… 43
SIM ……………………………………… 16
SIMカード ……………………………… 24
SIMカードの場所 ……………………… 17
SIMフリーの端末 ……………………… 49
SIMロック ………………………… 18, 44
SIMロック解除 …………………… 98, 120
SIMロック解除対象機種 ……………… 46
SIMロックフリー ……………………… 18
SIMを装着 ……………… 85, 107, 129
SK telecom …………………………… 55
SoftBank 3G ………………………… 32
SPEEDCHECK Speed Test ………… 43
Speedtest.net ……………………… 42
TD-LTE ………………………………… 34
TrueMove H …………………………… 55
UIMカード ……………………………… 25
U-mobile ……………………………… 151
UQモバイル …………………………… 138
USIMカード …………………………… 25

Vodafone	54	端末セット	48
VoLTE	33	端末利用期間	77, 97, 119
VoLTE用SIM	33	中華電信	55
W-CDMA	34	通話かけ放題	41
Xi	32	通話明細	96
ZIP SIM	54	月々サポート	77
		データ通信量を確認	74, 94, 116

あ行

- アプリのデータを移行 …… 57
- イオンモバイル …… 142
- エキサイトモバイル …… 143
- 音声通話時間を確認 …… 75, 95, 117

か行

- 海外旅行 …… 52
- カウントフリー …… 41
- 格安SIM …… 8
- 格安SIMを申し込む …… 80, 102, 124
- 格安スマホ …… 8, 50
- キャリア …… 10
- 契約満了月 …… 77, 97, 119
- 購入サポート …… 97
- コミュニケーションフリー …… 41

さ行

- 周波数帯 …… 34
- 周遊SIM …… 53
- 白ロム …… 18
- スピード測定 …… 42
- 請求額を確認 …… 118
- ソフトバンクから乗り換える …… 114
- ソフトバンクを解約 …… 134

た行

- 対応周波数帯 …… 46
- 台湾大哥大 …… 55

- データを移行 …… 56
- デュアルSIM …… 28
- ドコモから乗り換える …… 72
- ドコモパシフィック …… 54
- ドコモを解約 …… 90

は行

- バンド …… 35
- 標準SIM …… 16
- プラチナバンド …… 36
- プリペイドSIM …… 53
- プレフィックス …… 41

ま〜わ行

- 毎月割 …… 97
- マルチSIM …… 33
- 楽天モバイル …… 153
- 料金明細サービス …… 76
- ワイモバイル …… 136

■ お問い合わせについて

本書に関するご質問については、本書に記載されている内容に関するもののみとさせていただきます。本書の内容と関係のないご質問につきましては、一切お答えできませんので、あらかじめご了承ください。また、電話でのご質問は受け付けておりませんので、必ずFAXか書面にて下記までお送りください。
なお、ご質問の際には、必ず以下の項目を明記していただきますようお願いいたします。

1. お名前
2. 返信先の住所またはFAX番号
3. 書名
   （ゼロからはじめる 格安SIM&スマホ スマートガイド）
4. 本書の該当ページ
5. ご使用のソフトウェアのバージョン
6. ご質問内容

なお、お送りいただいたご質問には、できる限り迅速にお答えできるよう努力いたしておりますが、場合によってはお答えするまでに時間がかかることがあります。また、回答の期日をご指定なさっても、ご希望にお応えできるとは限りません。あらかじめご了承くださいますよう、お願いいたします。ご質問の際に記載いただきました個人情報は、回答後速やかに破棄させていただきます。

■ お問い合わせの例

```
                FAX

1 お名前
  技術 太郎
2 返信先の住所またはFAX番号
  03-XXXX-XXXX
3 書名
  ゼロからはじめる
  格安SIM&スマホ
  スマートガイド
4 本書の該当ページ
  72ページ
5 ご使用のソフトウェアのバージョン
  Android 9
6 ご質問内容
  手順3の画面が表示されない
```

■ お問い合わせ先

〒162-0846
東京都新宿区市谷左内町21-13
株式会社技術評論社　書籍編集部
「ゼロからはじめる 格安SIM&スマホ スマートガイド」質問係
FAX番号　03-3513-6167
URL：https://book.gihyo.jp/116

ゼロからはじめる 格安SIM&スマホ スマートガイド
（かくやす シム アンド）

2019年3月8日　初版　第1刷発行

著者	………………………	リンクアップ
発行者	………………………	片岡　巌
発行所	………………………	株式会社 技術評論社
		東京都新宿区市谷左内町21-13
電話	………………………	03-3513-6150　販売促進部
		03-3513-6160　書籍編集部
編集	………………………	宮崎　主哉
装丁	………………………	菊池　祐（ライラック）
本文デザイン・DTP	………………………	リンクアップ
製本／印刷	………………………	図書印刷株式会社

定価はカバーに表示してあります。
落丁・乱丁がございましたら、弊社販売促進部までお送りください。交換いたします。
本書の一部または全部を著作権法の定める範囲を超え、無断で複写、複製、転載、テープ化、ファイルに落とすことを禁じます。

© 2019 技術評論社

ISBN978-4-297-10376-7 C3055
Printed in Japan